Ignition

| 音　節 | ig・ni・tion | 発音記号 | igníʃən |

【不可算名詞】点火, 発火；燃焼
【可算名詞】（エンジンなどの）点火装置

はじめに

世界中どんな場所からでも、自分の好きなときに良質なカーデザイン教育を受けられる。
しかも手頃な料金で。

そんなコンセプトで立ち上げた Car Design Academy は、幸いなことに様々なメディアに取り上げていただき、多数の申し込みをいただきましたが、我々がまず感じたのは、喜びよりも責任の重大さでした。

そんな中、カーデザイナーを目指す人の参考になる道標のようなものを何か提供できないかと考え、始めたのがこのカーデザイナーへのインタビューシリーズです。

なぜカーデザイナーを目指したのか。
どうやってその職に就いたのか。
あのクルマはどうやってデザインされたのか。
デザインする上で大切にしていることは何なのか。

なかなか聞くことのできないそんな話を、我々の想いに賛同いただいたカーデザイナーやバイクデザイナー、鉄道デザイナーの方々総勢19名にインタビューさせていただき、一冊にまとめました。

バンドをするよりも、Honda に入るほうがカッコイイと思ってデザイナーを目指した人。
建築家を目指そうと願書を出したら、親に勝手に変えられていた人。
漫画家よりもカーデザイナーのほうがなりやすいと思って目指した人。
自動車メーカーのスカウトから逃げまわった人。

これらは全て、この本に登場するデザイナーたちの話です。
目指すきっかけは本当に些細なことですが、夢を実現させる行動力とその思考法には共通している何かを感じます。

カーデザイナーを目指している方だけでなく、クルマが好きな方、デザインに興味のある方が、この本を読み、心のどこかに火が点いたと感じてくださればば、私たちにとってこれほど嬉しいことはありません。

この本のタイトル Ignition には、そんな願いが込められています。

Car Design Academy　校長
カーデザインスタジオ　NORI, inc.
代表取締役社長　仲宗根　悠

CONTENTS

はじめに ———————————— 2

1 今を創る人達　IN-HOUSE DESIGNERS

01 米山知良 ———————————— 8
　　(TOMOYOSHI YONEYAMA / Car Designer)

02 桑原弘忠 ———————————— 14
　　(HIROTADA KUWAHARA / Car Designer)

03 池田　聡 ———————————— 22
　　(SOU IKEDA / Car Designer)

04 塩野太郎 ———————————— 26
　　(TARO SHIONO / Train Designer)

2 挑戦し続ける人達　LEADERS

05 山下敏男 ———————————— 34
　　(TOSHIO YAMASHITA / Car Designer)

06 服部守悦 ———————————— 44
　　(MORIYOSHI HATTORI / Associate Professor)

07 石井　守 ———————————— 52
　　(MAMORU ISHII / Fuji Heavy Industries Ltd. General Manager, design)

08 松山耕輔 ———————————— 60
　　(KOUSUKE MATSUYAMA / Hino Motors, Ltd. General Manager)

09 木村　徹 ———————————— 70
　　(TORU KIMURA / Kawasaki Heavy Industries, Ltd. Chief Liaison Officer)

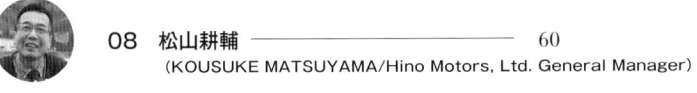

10 石崎弘文 ———————————— 76
　　(HIROHUMI ISHIZAKI / Daihatsu Motor Co., Ltd. Design Director)

3 独立という選択　INDEPENDENT DESIGNERS

11　やまざきたかゆき ──────── 88
　　（TAKAYUKI YAMAZAKI / Smile Maker）

12　根津孝太 ──────── 96
　　（KOTA NEZU / Creative Communicator）

13　徳田吉泰 ──────── 106
　　（YOSHIHIRO TOKUDA / Car Designer + Car Modeler）

14　サンティッロ・フランチェスコ ──────── 112
　　（SANTILLO FRANCESCO / Car Designer）

4 日本を飛び出せ　GLOBAL PLAYERS

15　小田桐亨 ──────── 122
　　（TORU ODAGIRI / Car Designer）

16　服部　幹 ──────── 128
　　（MIKI HATTORI / Car Designer）

17　トゥーリオ・ルイジ・ギージオ ──────── 134
　　（TULLIO LUIGI GHISIO / Car Designer）

18　フォルガー・フッツェンラウフ ──────── 140
　　（HOLGER HUTZENLAUB / Mercedes-Benz Advance Design Director）

5 特別インタビュー　SPECIAL INTERVIEW

19　栗原典善 ──────── 146
　　（NORI KURIHARA / NORI, inc. Chairman）

Car Design Academy のこれから ──────── 172
おわりに ──────── 174

Car Designer
TOMOYOSHI YONEYAMA

Car Designer
HIROTADA KUWAHARA

Car Designer
SOU IKEDA

Train Designer
TARO SHIONO

今を創る人達

IN-HOUSE DESIGNERS

TOMOYOSHI
YONEYAMA

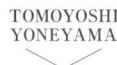

INTERVEW

01

カーデザイナー
米山知良

Car Designer　TOMOYOSHI YONEYAMA

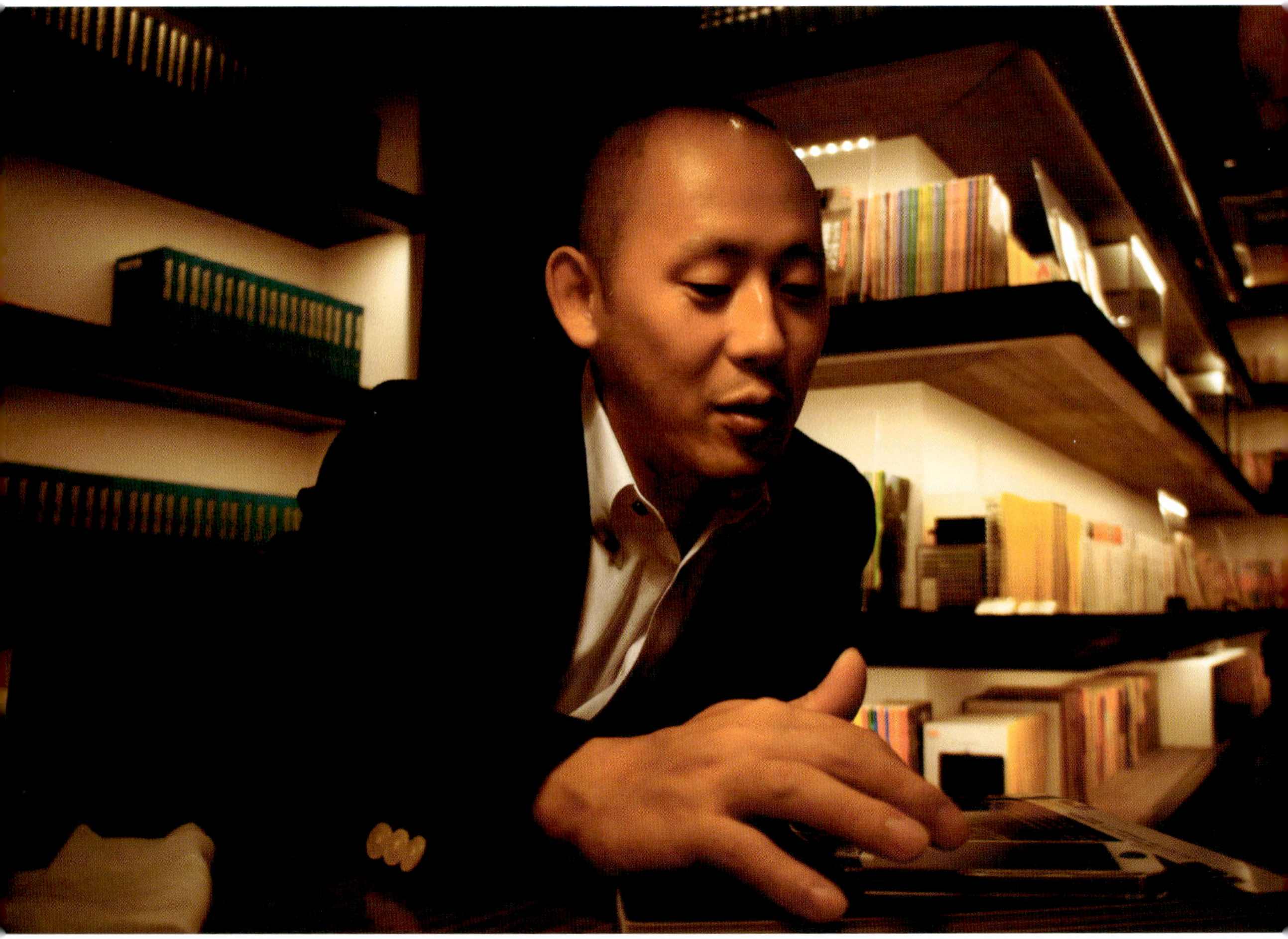

今でも大切に保管している1989年に行われたジウジアーロ・デザイン展のチケット

米山知良＝1975年生まれ。本郷高等学校[※1]デザイン科を卒業後、東海大学でインダストリアルデザインを学ぶ。その後、東京コミュニケーションアート専門学校（TCA）[※2]に入学し、国内自動車メーカーに就職。カーデザイナーとしてのキャリアは10年。

ジウジアーロとの出会い

カーデザイナーには子供の頃からずっと憧れていたんですよ。本当に車が好きで。僕が中学生の頃、ジウジアーロ[※3]のカーデザイン展があったんですね。どこのデパートかは忘れちゃったんですけど。で、そこで完全に僕の人生は決まった。ジウジアーロのデザインしたショーカーを見て、衝撃を受けたんですね。メドゥーサやインカスなんかほんと未来的で。絶対にカーデザイナーになろう。そう誓ったのを覚えてますね。

今はもうデザイン科は無くなっちゃったんですけど、当時デザイン科が有名だった本郷高等学校に進学しました。学校が終わったあと、夜の10時頃まで教室に残ってひたすら描いてましたね。本当はその時間まで残っちゃ怒られるんですけど、皆で牛丼買ってきて、こっそり用務員のおじさんに賄賂として渡して。頼むから見逃してくれって（笑）。

デザイン科といってもカーデザインの授業があるわけではなかったので、ひたすら雑誌を見ながら朝7時から夜10時まで模写してました。周りのやつらも、それぞれの分野の練習で夜遅くまで残ってましたね。

※1 本郷高等学校 ＝ ブリキのおもちゃコレクターの第一人者として世界的に知られている北原照久さん、こち亀の秋本治さん、北斗の拳の原哲夫さんや現代美術家の村上隆さん、EXILEのATSUSHIさんなど、数々の著名人を生み出した学校。HIPHOPアーティストのDABOさんと米山さんは同級生だという。

※2 東京コミュニケーションアート専門学校 ＝ 通称TCA。カーデザインを学ぶ4年制の自動車デザイン科は長い歴史を有し、卒業生の多くがトヨタ・ホンダ・日産・ダイハツ・マツダなど大手自動車メーカーの研究開発デザイン部門への就職を実現している。

※3 ジウジアーロ ＝ イタリアの工業デザイナーで、イタルデザインの設立者。数々のデザインプロジェクトを手がけ、1999年にはカー・デザイナー・オブ・ザ・センチュリー賞を受賞し、2002年にはアメリカ・ミシガン州ディアボーンの自動車殿堂（Automotive Hall of Fame）に列せられた。カーデザインアカデミー監修の栗原典善氏も、同氏のもとにかつて在籍していた。

あこがれのジウジアーロと

今考えると、僕らの代は高校を卒業してすぐに会社を立ち上げる優秀な人が多かったと思います。工業デザインとかアパレルとかグラフィックの会社とか。そう考えると切磋琢磨できるいい環境でしたね。

その後、大学に進学し、4年間インダストリアルデザインを学びました。ただ、大学では、それまでに比べ練習量がガクンと落ちてしまった。カーデザインの授業があるときだけ練習して、それ以外は…。それまで、描くことだけしかしてなかったので、勉強はもちろん、からっきしダメ。いくつかのメーカーを受けたんですが、全て落ちてしまいました。悔しかったですね。卒業後は親を安心させるためにも、一旦店舗設計の仕事に就いたんですが、カーデザイナーになることは全く諦めていませんでした。10ヶ月勤めたあとにその仕事は辞めて、東京コミュニケーションアート（TCA）というカーデザインの専門学校に24歳で入り直しました。スケッチには自信があったので、何とか2年生から入学させてもらって。

選抜クラスに入ることが出来たんですが、その時にマツダに就職した先輩に会って、アドバイスを貰ったんですね。なんて言われたと思います？ その先輩曰く、「寝ないで描け。死ぬ気で描きまくったら絶対にカーデザイナーになれる」って。その言葉を信じて、描きまくりました。
TCA時代は、人生の中で一番描きました。大学の頃に一回落ちちゃってるんで、絶対に後悔したくなかった。自分のできる限りの事はするんだ、もう後は無いんだって言いながら、テレビも全く見ない、友達とも会わない、寝るのは電車の中だけと決めて。

大体一日にレンダリングを2、3枚と、カースケッチ20〜30枚くらい描いてました。不思議とモチベーションはずっとハイなまま。やっぱり好きなことだからでしょうか。僕のTCA時代の同期で、今もカーデザイナ

ーとして活躍している奴がいるんですけど、そいつも励みになりました。電車の中や車の助手席でも描いてるんですよ。どこでも描いてる。ペーパーナプキンとかに。

そんな奴を横で見てるから、俺も負けてらんない、って。それで、いよいよ志望していたメーカーの試験。2週間の間で、一人でテーマを決めて、コンセプトを立てて、デザインして、っていうのをやって、最後に役員にプレゼンテーションする。20名くらいいたんですかね。その中から受かるのは1人だけ。

1年間と決めて必死で頑張ったおかげもあって、その試験で無事内定を頂くことが出来ました。就職が決まってからフランスのタイヤメーカーのミシュランが主催するワークショップがあったんです。世界各国のデザインで有名な大学や専門学校8校をパリに集めて2ヶ月間行うもので、それに日本から僕一人参加させてもらって。「次の10年における4WDの進化と、それにふさわしいタイヤはどのようなものか？」という課題がまず与えられたんです。

最初の2〜3日はチーム作り。異なる文化や体験、意見を交換し合いながら英語とボディーランゲージでコミュニケーションを取ってアウトプットする、という新鮮な経験でした。英語ですか？ 僕は全然ダメです。とくに最初のミーティングはさっぱりで、重要なところのスペルだけ教えてもらって帰ってそれを調べて、宿舎で「あぁ〜、なるほどね」みたいな。

でもデザイン用語は一緒なんで、ボディーランゲージを織り交ぜながら、積極的にコミュニケーションを取っていきました。もちろん、みんな大学生や専門学校生なんで同年代なんですけど、デッサンも凄いうまい。

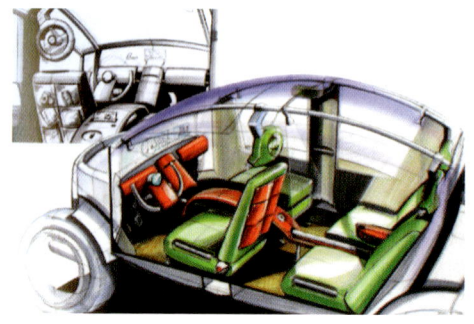
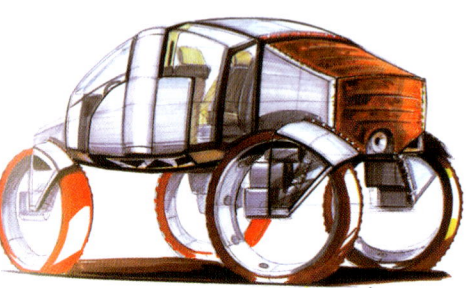

本当にいい刺激でした。途中、ミシュランの関係者やイタルデザインの方、Auto&Design[※4]という専門誌の編集者に作品をプレゼンテーションして、最後はパリ・モーターショーで展示。カースタイリングにも載りましたよ。

あと、ヨーロッパにいたのは4ヶ月間でしたが、その間、車を借りてヨーロッパ中を旅しましたね。ミラノやトリノではTCAの先輩達に会ったり、ピニンファリーナやザガート[※5]、イタルデザインにも行きました。当時のエピソードなんですが、せっかく、ヨーロッパにいるんだから、憧れのジウジアーロに会いたい、と思って「アイ・ニード・ジウジアーロ！」って滅茶苦茶な英語でイタルデザインに電話したんです。そしたら、おそらく秘書みたいな方が電話に出てくれたんですけど、なんか来ても良さそうな返事だった。と言っても言葉はイタリア語なんで全然わからないんですけど。で、取り敢えず行ってみたんです。

そこに着くと… 門の前にいるんですよジウジアーロが！ おそらく、ちょうど出かけるところだったんでしょうね。中学生の頃、デパートで見たあのジウジアーロが門の前に立ってたんです。本物だ！って。

すぐに駆け寄って行って、「私は日本であなたのデザイン展を見てカーデザイナーを目指しました！そして来年からカーデザイナーとして日本で働くんです！」って伝えると、ジウジアーロが一緒に喜んでくれたんです。「ブラボーー！」って言いながらハグして喜んでくれました。本気で夢なんじゃないかと思ったのを覚えてます。

今後の抱負を教えて下さい。

抱負ですか、難しいですね。強いて言うと、僕はデザインの1つ前段階のコンセプトを決めるマーケティングや企画部分から携わることが多いんですけど、より多くの人に愛される、楽しんでもらえる車を世の中に生み出していきたい、ってことですかね。高級車もいいですけど、リーズナブルで愛されるデザインの車もいいですよね。値段だとか、燃費の良さだとか、車を買うときに考えることは色々あると思うんですが、"デザイン"というのは一番買う決め手になりえる、購入要素だと思うんです。だからこそ、カーデザイナーという仕事に魅力も感じますし、同時に責任も感じます。そこに携わる者として、愛される車を世に送り出すことが使命だと思っていますね。

カーデザイナーを目指す人へメッセージを

寝ないで描け！死ぬ気で描け！ですかね。でも、これは本当にそう思うんですが、カーデザイナーの一歩手前まではどんな人でも、練習すればなれます。練習は裏切らない。断言できます。1年前に「こいつはちょっと…」と思う奴が、1年後にみると本当に上手くなっている、ということがあるんです。カーデザインアカデミーは期間はどれくらいですか？48週間。それくらいあれば、プロの一歩手前までは絶対に誰でもなれます。最後はその人の持つセンスや運なんかに左右されるかもしれませんが、一歩手前までは誰でもなれる。カーデザイナーって、職業柄、誰でもなれる職業じゃないですし、諦めていく人も多いと思うんですが悪いことは言いません。カーデザイナーになりたい、という夢を持っているんだったら、後悔しないように、とにかく描きまくってください。僕からは、それだけですね。

※4 Auto&Design = 自動車とデザインの先進国イタリアで発行されている自動車デザイン専門誌。スケッチやレンダリングなどを豊富に用いて、世界の最新自動車のデザイン分析などをリポートしている。自動車関連以外の工業デザインの秀作も取り上げる。

※5 ザガート = イタリア・ミラノに本拠を置くカロッツェリア。現在ではSZデザイン（SZ DESIGN s.r.l.）と名を改め、自動車をはじめとする工業デザインのコンサルティングや技術サービスを提供する企業となっている。創業者はウーゴ・ザガート。

INTERVEW
02

カーデザイナー
桑原弘忠

Car Designer　HIROTADA KUWAHARA

桑原弘忠＝1971年新潟生まれ。新潟県立津南高等学校出身。94年に東京コミュニケーションアート専門学校（以下、TCA）卒業。同年、国内自動車メーカーデザイン部入社。従来のカーデザインにとらわれない発想は、数々のデザイン賞の受賞と大ヒットをもたらした。その一方で、漫画をこよなく愛し、藤子・F・不二雄先生を敬愛する一面を持つ、異色のカーデザイナー。

本気で漫画家になりたかった

僕が生まれ育ったのは、魚沼産コシヒカリで有名な新潟県の魚沼・津南町というところ。盆地なので雪が4メートル積もる豪雪地帯です。18歳までここで過ごしました。小さい頃の夢は漫画家。藤子・F・不二雄先生が本当に大好きです。のちのち仕事にも繋がってくるんですけど、それはちょっと置いといて。本気で漫画家になりたいと思っていたのですが、めちゃくちゃ練習するわけでもなかったです。授業中によく落書きはしていましたけど。

でも小中高と進学するにつれて、現実的にちょっと漫画家は難しいのかなと思うようになってきました。高校生の時に、グラフィックデザイナーっていう仕事の存在を知って、そっちだったらなれるのかな、くらいに考えていました。でも無理だろうから、地元の工場に就職するんだろうと漠然と考えてたんですが、親から「専門学校くらいは出ておきなさい」って言われて。高校3年生になったときに、免許を取りに行ったんですけど、その時に初めて世の中にはこんな色んなクルマがあるんだ、と知ったんです。そこで初めてクルマに興味を持ちました。

実は、それまでクルマに対する興味は全くなかったんですよ。だから、クルマに興味がある人って少ないだろうから、漫画家よりもカーデザイナーの方がなりやすいんじゃないかと思ったんです。自分と同じように皆クルマには興味が無いだろうからこれはなれるなって。僕が新潟の田舎出身だから、それが普通だと思い込んじゃってたんですね。

それで、カーデザインの勉強ができる学校を調べたら、アーバンデザインカレッジとTCAという2つの学校を見つけたんです。アーバンの方は、評定3.2以上必要ということで僕には入学資格が無かった。もうひとつのTCAに電話したら特に評定とかそういうのは関係無いってことだったので受けてみたら受かりました。それでTCAに入ったら生徒が100人くらいいるし、世の中にこんなにクルマ好きな人っているんだ、ってビックリしましたね。その時、漫画家になるより難しそうだぞ、って初めて思いました。

技術だけでなく心も鍛えられたTCA

A・B・C・Dとクラスがあって、僕はAクラスだったんですけど、優秀な人がAクラスに集められていると思っていたら逆で、Dが一番優秀な選抜クラスだったんです。授業内容も違うし、宿題の量も違うし全く違った。なんか違うぞ、なんか違うぞって思ってよくよく見ていたらそういうことだったんです。1学年の半数以上は1年生で辞めていきます。なので、選抜クラスのDクラスの先生に、個別で画を持って行って、「頑張りたいんで見て下さい！」って、通常の授業とは全く別に見てもらっていました。

田舎から出てきて、このまま就職できなかったらヤバイな、っていう危機感と、ちゃんと就職しないと親に申し訳ないな、っていう思いがありました。そしたら、2年生に上がる時にDクラスに編入させてもらえました。TCA時代はめちゃくちゃ絵を描きました。Car Design Academyの教材にもあったように、最初はひたすら丸を描いたりまっすぐの線を描いたり。初めはうまく描けなくてボールペンを何本も使い潰しました。

Car Design Academyでも多く寄せられる質問なんですが、
綺麗な線を引くコツはありますか？

これはばっかりは聞いて覚えるものじゃなくて、体で覚えなきゃダメだと思いますよ。感覚的な所だからひたすら体に覚え込ませるしかない。

課題が運良く3つ同時に通った時があって、その3ヶ月くらいの期間は2日に1回徹夜してました。今でもあるんですけど、その時にペンだこができました。カースタイリングにも載ってましたよ。サイドビューの銀色のクルマです（次ページ写真）。 余談ですが、音楽の授業の先生がBADツアーの時に、学校にマイケル・ジャクソンを連れて来た事があったんですけど、その時にマイケルが僕の作品を欲しいって言ってくれました。購入希望者第1号です。その時からマイケルファンになりました。

あと、印象に残ってる授業は、ブルースケッチ[※1]っていう授業。その名の通り、ブルーのペンだけで描く、アートセンター流の描き方のことです。その授業は宿題の量が凄くて凄くて。1週間で、クルマとID製品とスペースデザインを、それぞれ10枚ずつ、つまり合計30枚描いてこい、と。朝9時までに全部貼りだしておかないと教室入っちゃダメ、みたいな感じのスパルタな授業でした。

最初のうちは慣れてないので1枚3時間くらいかかるんですよ。もちろん他の授業の課題もあるので、効率よく描かないと絶対に間に合わない。だからそういうやり方が自然と身につくんですね。最終的には1枚30分～1時間くらいで描いていました。でも、これは本当に今でも仕事に活きていると思います。ちなみに、このやり方は今、新人のデザイナーに僕が教えています。大事なポイントが4つあるのですが、それは秘密です。

他には、藤村先生の授業が勉強になりました。シビックやCR-Xのデザイナーの方です。それもスパルタでした。1週間に1回授業があるんですけど、横幅1mのレンダリングを描いてきて朝9時までに全員壁に貼っとけと。で、先生が来るじゃないですか？そうすると先生が、「う〜ん。1番はこれ、2番はこれ、3番は…」って言いながら毎回そうやって上手い順に席に座らせるんですよ。1番うまい人は1番前で、下手になっていく程、後ろの席になるんですね。当時は嫌でしたよ。なかなか1番になれないし。

でも会社と同じなんですよね。クルマのデザインって基本的に一案しか残らないんですよ。自分のデザインが選ばれないと、選ばれたライバルの作品のサポートに回る事になるんです。仕事としてはやらなきゃいけないけど、心の中では悲しいですよね。でもその授業があったから、会社に入ってから自分の案が通らない場合でもうまく気持ちを切り替えることが出来ました。絶えずコンペを繰り返してくれたのが、今となってはありがたいです。

※1 ブルースケッチ = アートセンターに伝わる練習方法。最初は黒で描いていたが、暗い雰囲気になってしまうことを懸念した講師が茶色や青など、他の色を使っても良いと許可した所、段々と青色ばかりになってしまったことに由来する。

当時のカースタイリング。上段左がマイケル・ジャクソンお気に入りの桑原さんの作品

同世代との出会い、カーデザイン界のトキワ荘

アパートは、学校の近くに借りていました。たまり場になっていましたね。その時にやまちゃん（Ape や ZOOMER のデザイナーであるやまざきたかゆきさん）とか、世界を放浪して今は奄美大島に住んでる藤田とか、バートンのライダーになってから今は薪ストーブを販売してる健太郎とか。みんな自分なりの哲学を持って生きているんです。ストイックにクルマ文化だけ！って感じじゃなくて人生を楽しむ感覚を養えたのが良かったと思います。

この前も、TCA からのインタビュー依頼があって、SUZUKI に入ったデザイナーと SUBARU に入ったデザイナーと僕の 3 人で集まって久しぶりに話したんですけど、「そういえば昔、桑原さんちに行った時に、お前は大人しくてダメだっていきなり金髪にさせられましたよ。覚えてないんですか？」って言われたんですよ。全然覚えてなくて俺そんなことしたっけ？ごめんね、って。今考えると僕んちはカーデザイン界のトキワ荘みたいになっていましたね。

世間知らずのまま就職、知らない強み

TCA は 3 年制なんですけど、2 年生の時にメーカーの試験を受けるんですね。僕は M 社を受けました。2 週間泊まりこみで、課題を出されて、それに合うコンセプトを考えクルマを描きます。大学生と専門学生一緒の試験で、30 名位居たと思うんですけど見事に落ちました。それで、就職浪人みたいな感じで TCA に研究生で残って、次の年に今の会社を受けて入ったんです。なので、94 年卒業の 94 年入社です。
同期は 4 名居たんですけど、大学と専門学校の試験が別だったのでどんな人が受かったか全く知らなかっ

HIROTADA
KUWAHARA

たんですね。で、聞いたら東大の大学院と、日大芸術学部とアートセンターの日系4世って言われて。みんな超エリート。行きたくないなって思いましたね。俺クルマのこと全然知らないし、TCAに入ってようやくクルマ熱がジワジワ来た感じだったんで。

スーパーカー消しゴムのブームの時も、皆がフェラーリとかカウンタックがカッコいいっていうから、それがカッコいいんだなって思うくらいでした。なんと言ってもコロコロコミックとオカルト雑誌のムーばっかり読んでましたからね。2012年には必ず何か起きるんだって思ってました。あと、クルマは将来空を飛ぶモノだと本気で思っていたので、入社してからの工場見学が本当に楽しみだったんです。

世の中に出てないけど、会社はUFOを隠れて開発してるなと本気で思ってて、工場でそれが見れるんだ！って思って行ったら、おじさんが製造してる機械を自慢げに指さして「これは30年使ってるんだ」っていうんですよ。その時初めて、30年も同じの使ってんだ！飛ばないじゃん！って凄くガッカリしました（笑）。新潟から東京にでてくるまで、全てのアパートとかマンションは国が経営してると思っていたくらいですから。田舎だからアパートやマンションに住んでいる人が同級生に居ないんですよ。そう考えると世間知らずですね。クルマのことも、あまり知らなかったから逆に良かったと思います。色々知っていたらカーデザイナーを目指していなかったかも知れないです。

　　　　　　逆に、クルマ以外で興味があることってなんですか？

やっぱり漫画ですね。海外出張とかで、外国の方に「漫画好きです」っていうと、すごく共感されて、自分の好きな漫画を話したがるんですよね。僕が単行本で読んでいない「『らんま1/2』って読んだ？」って聞かれて読んでないって言うと凄い悲しい顔をするんです。マンガを読まない日本人は、パエリアを食べないスペ

| 18 | Ignition

ルービックキューブが特技。ものの数分で完成させてくれた。

イン人みたいなものです。なので、漫画は日本人として読んでおかないと相手に失礼だなと思うようになりました。皆、海外に通用するものを身につけたいって英語を勉強してると思うんですけど、僕はその前に漫画を読んで知っておいた方がコミュニケーションに繋がると思うんです。外国人で漫画で日本語を覚えましたっていう人も多いし、世界で活躍している色んな業界のスター達も、大半がマンガから影響を受けています。それくらい重要な文化なんです。特にデザイナーになりたい人は色んな形の幅が広がるので、是非色々読んでください。

実際にカーデザイナーになってみて、この仕事の魅力を教えて下さい。

うちの会社でいうと世界中から色んな人が来るんですよ。昔カースタイリングを見てて、「この人上手いな〜」って思っていた外国人が横にいる、みたいな事があるんですよね。だから価値観も生活スタイルもバラバラなんですよ。会社来たら、取り敢えずコーヒー飲みに行こうって誘われるし、僕のデスクの上に毎朝バナナが置いてあったり。僕も違うバナナを置き返したり。彼はフェラーリ458イタリアのデザイナーなんですけどね。普通じゃないんです。

仕事内容でいうと、車種がすごく色々あるんですね。セダンとかコンパクトカーとかもそうだし、トラックとかバスみたいなのとか。色々デザイン出来るから飽きないです。僕はプロジェクト全体をまとめるようなマネージャーではなくて、色々なものをデザインしていく現場の方なので、毎日楽しく仕事ができる。今度はこんなのやるんだ、こんなに条件違うんだ、っていう新鮮な感じです。元々18歳までクルマのことを全く知らなかったので、それもいい方に作用しているのかもしれません。

車の事がすっごい好きな人ってスポーツカーとかセダンとか花形をやりたいんですよ。ルールや定義を重ん

じたり。僕はそういう方向のこだわりが無い。例えばバスのデザインをするとするじゃないですか。それが世にでたら、これをキャンピングカーにして自分で乗れる！とか考えちゃうと楽しくて仕方ない。

あと、ちょっと話は変わるんですけどいいですか？ 以前、ある雑誌の取材を受けていた時に、ドラえもん好きなんですって話をしてその思いを凄く熱く語ったんですよ。クルマのデザインにもF魂を入れてます！みたいな。そうしたら、その記者の方が、周りに藤子・F・不二雄先生好きな人がいるんで飲みませんか、って話になって。「大人のF会」っていう会なんすけど、人数は少ないんですが各業界の凄く濃いメンバーがいるんです。みんなドラえもんを愛しているので、集まったら「ドラえもんの映画で・・・2個だけ選ぶとしたら何？」「え～！それは選べないな～！」とかって大の大人が本気で悩むんですよ。そういう出会いもあって、カーデザイナーになったけど好きなモノには巡り会うんだなと思いました。

最近、クルマ以外で気になるデザインはありますか？

nendo[※2]ですね。あのデザインが凄い好きです。そこのマウスオリガミっていうマウスを使ってるんですけ

※2 nendo ＝ 2002年に佐藤オオキを中心に設立されたデザインオフィス。東京とミラノに拠点を持ち、建築、インテリア、プロダクト、グラフィックと幅広くデザインを手掛ける。佐藤オオキは06年 Newsweek誌「世界が尊敬する日本人100人」に選出され、12年には「Wallpaper」誌や「ELLE DECO International Design Awards」でデザイナー・オブ・ザ・イヤーを受賞。

ど、感覚が近いと勝手に思ってます。ちなみにそのマウスを使ってみたらとても良かったんで、勝手に宣伝して僕の周りだけで 15 人くらいこのマウス使ってます。うちの部長も使ってます。ちょうど最近、Pen っていう雑誌で nendo 特集をやってたんですけど、その代表の方も藤子・F・不二雄先生信者だったんです。あ〜だから俺、この人のデザインを良いと思ってたのか〜って納得しました。今、一番会ってみたい人ですね。是非 F 会に入って熱く語って欲しい。

デザイナーとして心がけてることは？

そうですね。美味しいものを食べることと、良い音楽を聞いて感動することは心がけてますね。デザインって、その時のその人の雰囲気や感情がそのまま出るんです。ジャンクフードばっかり食べていい音楽を聞いてなかったら、感動するデザインなんかできないですよ。なので、ライブもよく行きます。最近行ったのはチャカ・カーンとか。ベンハーパーとかスティービー・ワンダーとかフジロックまで色々聴きます。いい食事といい音楽は心が豊かになりますから。

最後にカーデザイナーを志す方へのメッセージをください。

「上司の言うことを聞くな」ですかね。僕が会社に入った時最初に言われた言葉なんですけど、上司の言うことを聞いていると、そこそこのモノはできるかもしれない。でも革新的なモノや世の中を変えるようなモノって生まれないんですよ。そこそこのデザインを言われた通りしているよりも、その時は辛くても信念を持って世の中に名前の残るようなモノを出したい。そういうプロダクトを出した前と後では人生観が全く変わります。めちゃくちゃ反対していた人も、自分の案が世の中に出て売れ出して、賞とか取るとその後ちゃんと認めてくれて、その車を買ってくれて仲良くなるんです。

でも売れないとそうなりませんよ。 前は、自分をどう良く見せようかとかそんな発想があったんですけど、今は全然それがなくて、みんなが遊ぶにはどうしたらいいだろう、ってことばっかり考えてます。あと、デザイナーになるにはいかにアイデアが出せるかってとこが勝負。全く描けないとダメですけど、逆に言うと、めちゃくちゃ上手い人はいっぱいいるんで、ある程度の基礎を身に付ければ大丈夫。藤子・F・不二雄先生もそうなんですけどサンプリング能力がとても高いんですね。コレとコレを組み合わせて全く違うモノを生み出す。

同じモノを見ててもサンプリング能力が高い人のデザイン力は優れていると思う。凄く無理して沢山描いて、辛い時にアイデアが出る人もいますけど、その人も僕が分析するに、疲れると頭がぼーっとしていて正確に判断出来なくなると思うんです。そんなときに何かを見るとしますよね。あれ？あれって何か似てるな、って疲れてぼーっとしてるからそこから違う目線で見て発想が出るんだと思うんです。要はサンプリングってことで一緒なのかなと。あと、ビックリするすごいアイデアっていうよりは、うわ！やられた！やるなぁって思われると嬉しいです。真面目でつまらない人は受かりにくいと思うんで、日頃から自分なりの哲学を持って、自分なりの視点から物事を考える癖をつけるといいんじゃないかなと思いますね。

日頃から「カーデザイナーになりたい」って思ってるだけの人はなれないと思う。「カーデザイナーになる！」と声に出して強く信じてください。

SOU
IKEDA

INTERVEW
03

カーデザイナー
池田 聡

Car Designer　SOU IKEDA

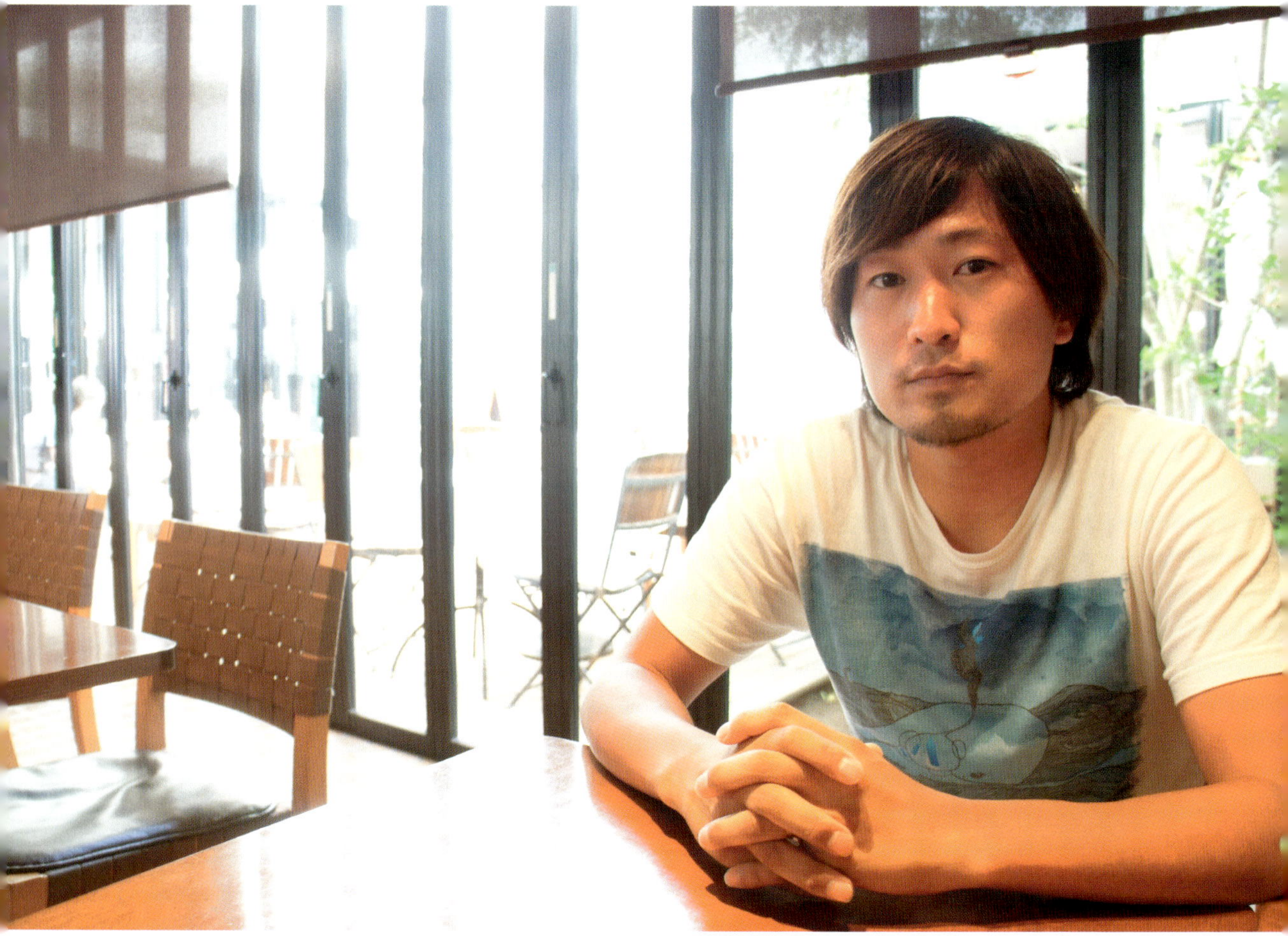

SOU
IKEDA

池田聡 = 1984年生まれ。大阪府和泉市出身。高校は公立の普通科に通い、その後美術大学への進学を希望するも叶わず、期間従業員として愛知県の工場で進学費用を貯める。その後、美大受験予備校で1年を過ごし、京都5美大のうちの一つである京都精華大学プロダクトデザイン学科[1]に進学。冬のインターンで某国内自動車メーカーから内定を獲得し、就職。現在は先行開発を担当し、企画からデザインまで一貫して手掛ける若手デザイナーとして注目を集めている。仕事前に海に行くほどのサーフィン好き。

回り道をして経験できたこと

昔から美術と体育が好きな子どもでした。何か描いたり、何か作ったりっていうことに純粋に興味があるんですよね。最近もDIYで色々作ってました。猫を飼いだしたんですけど、キャットタワーを自作したら火がついちゃってそこから色々と。

話がそれましたが、とにかく美術は好きでした。まぁ、自分でいうのもなんですがクラスの中にいる絵の得意な奴って感じでしょうか。将来は何かを作る仕事に就きたいと、うっすら考えていたと思いますが、若かったのでとくに深くは考えていませんでした。

高校3年生になってはじめて進路のことを考えた時に美大に行きたいと思ったんです。3年の夏に美大受験予備校の体験コースに行ったんですけど、そこで本気で目指そうと思いました。ただ、中学はバスケット、高校はハンドボールとデリバリー系のバイトをしていて、ほとんど描いてなかったので今の実力じゃ無理なことは分かっていました。美術部でも無いですし、志高く練習してたってわけでもなかった。高校になると美術の授業すら無くなりますからね。予備校に通いたかったんですけど、その段取りもうまくいかなかったんですね。なので、予備校に行くお金を貯めようと思って、高校卒業してすぐ、某メーカーさんの自動車工場で1年間だけ期間従業員として働きました。

異色の経歴ですね。

僕が担当したのは鋳造[2]なんですけど、結構キツいと言われているパートですね。工場で働く人って、色んな人がいるんですよ。農家やってる出稼ぎのおっちゃんもいれば、リストラされて家族を食べさせないといけないってことで働きに来ている人もいる。バックパッカーから元社長の人までほんとに様々。ワケありでヤバい人もいましたね。ここでは言えないような。でも色んな種類の人と過ごせたのは良かったと思います。たくさんの考え方も知ることができましたし。

失敗したらトラックに乗ればいい

社員登用試験を受けてそのままそこの人間として働く道もでてきました。正直、結構迷ったんですよ。当時は給料も良かったですし。でもチャレンジしないと絶対後悔するんだろうなって思った。それだけは絶対にイヤだと。なので、その仕事はきっちり1年で辞めました。

---
[1] 京都精華大学 = 1968年に京都に設置された4年制の私立大学。日本で初めてマンガ学部を設置した大学としても知られる。
[2] 鋳造 = 製作したい製品形状を反転した型に、鉄や銅・真鍮などの金属を流し込み、冷やして目的の形状に固める加工方法のこと。

カーデザイナーを目指そうと決めたのもちょうどその時ですね。失敗したらトラックに乗ったり、体を使って稼ぐ仕事をすればいいだろうと思って。それで腹は決まった。そこから1年間予備校に通って、京都精華大学に入学する事が出来ました。大学に入った時は、カーデザインやるぞ！って鼻息荒い感じだったんですが、入ってからは色んなことに興味が出てきました。そもそもプロダクトデザイン学科だったので、クルマの授業は大学2年生の頃から1年間、週1しかない。

そのかわり、家電だったり建築を目指している人だったり、色んなジャンルの人間がいるので、せっかくだからクルマ以外のこともたくさん勉強しとこうと。もう亡くなってしまわれたのですが、ある先生に出会ったことも大きく影響しています。

いわゆる恩師ですね。

その方は、考え方とか表現がとても極端な方だったんですけど、デザインの本質のようなものを教えてもらいました。流行のスタイリングや造形には全く興味が無い人で、細かいことはどうでもいいって言い切っちゃう。"スタイリングや細かな所作ばかり気にしていると、本質を見落としてしまうぞ"という事を、伝えてくれたんだと思います。そのプロダクトにとっての幹はなんなのかと。想いというか、メッセージ性というか、そのために造形するんであって、造形の為の造形はやっちゃだめだと。今でもデザインの基本として常に心がけています。

カーデザイナーとしての就職活動はどうしたんですか？

教授から、どこどこのメーカーのインターンがあるから、って教えてもらうんですよ。どうやってカーデザイナーになるのかなんか、普通の人はあまり分からないんじゃないですかね。それで課題を提出して、メーカーの中で選考が行われて参加できるかどうか。

大学3回生の時にはじめてサマーインターンに参加することができたんですが、レベル的には"俺なんか全然…"って感じでした。積み重ねでうまくなってきてるはずなんですが、そんな1日2日で勝てるもんじゃない。自分の強みってなんだろう、ということはすごく考えました。まぁそうは言っても難しいんですよね。これが俺の強みかな？って思っても冷静に考えるとそんなに強くなかったり。

だからこそ、自分のこんなとことかあんなとことかもっと伸ばしたい！ということは強く意識してました。あと、インターンは、情報収集の意味でも役に立ちましたね。他の学生のアウトプットも見れるので、なにより自分への刺激になりました。

そこから内定を獲得できるレベルまでいったわけですが、
どうやって練習していたんですか？

カースケッチのスキル的なものは、もうひたすらスケッチしてって感じです。コンセプトの立て方とかは、基本の部分は大学のプロダクトデザインの授業で学んでいたのでそれが生きたのか…生きてないのか（笑）。でも、学生なりの面白いアウトプットってあるじゃないですか。おれはこれが面白いと思う！というモノを素直にやりきればいいと思うんです。それでいいんだ！と思えたのもインターンのおかげですかね。

| 24 | Ignition

SOU
IKEDA

なぜ自分が採用されたと思いますか？

う〜ん。もちろんはっきりとは分かりませんが…今、当時を振り返って少しだけ感じることは、学生って良い作品を出そう！ってことばっかり考えるんですよ。でもよくよく考えてみると、クルマっていうのは大きなプロダクトですし、部品点数も多いので、自分一人で作るわけはなくて、周りと協力して作り上げるものじゃないですか。人がいっぱいいて会社。となると、本当にこいつと一緒に働きたいか、っていう目線が出てきてもおかしくないと思うんですよ。もちろん良い作品を作れる力も大事ですけど、採用する側も人間ですから、そこだけ見ているわけでは無いんじゃないのかなと。

あとはその人の可能性をどこまで感じてもらえるかという問題。自分でいうのも何なんですが、大学行く前にちょっと働いてたりと、少しだけ特殊で人生遠回りしている分、可能性を感じてくれたんじゃないかと思ってます。当たり前ですけど会社って色んな人がいるんですよ。スタープレーヤーみたいな人もいるし、めちゃくちゃ賢くてなんでもデキる人もいる。表には出てこないけど、地味に見えるようなことをコツコツやっていて周りから絶大な信頼を得ている人もいる。

カーデザイナーだから、こうじゃないとダメっていうことは僕は無いと思うんですよね。その人の持っている色んな可能性が生きてくる仕事だなぁと感じる場面が多々ある。正解のカタチは一つじゃないんです。回り道は無駄にはならないし、なんらかの形で返ってきます。自分で自分の可能性を決めつけないようにしたほうがいいんじゃないかなと。

自分の強みは何か？を常に考える

この仕事は1台開発するのに時間もお金もかかります。そして、たくさんの人が関わっています。なので、そうやって作っていって発表されたときの喜びはひとしお。やっと出たんやーって。そして、こういう人に乗って欲しい、こうやって使って欲しいってことを考えながら、ああでもないこうでもないとデザインしたものが、届くべき人のもとへ届き、愛でられる。便利な道具としてだったり、可愛いクルマだなっていう感じだったり。それがカーデザイナーの究極の魅力だと思います。

僕は今、先行開発をさせてもらっていて、企画からやっているんですね。企画から入っていくと、車の使い方も含め、そもそも論から入っていきます。造形にもコンセプトがあるし、それはそれで魅力なんですけど、今任せてもらっていることには大きなやりがいを感じていますね。

カーデザイナーを目指している人たちへのメッセージですか。スキル的なことは…日々精進してください。これは自分にも言えるんですけど、自分の強みを何にしていくか、それを常に探していかないといけない。なにかプロダクトを作るってなったときに大事なのが、芯の通っている想い。そこをしっかり持っていないと、オモテだけいくらデコレーションしても響かない。コンセプトを作らなきゃいけないから作る。アイデアを出さなきゃいけないから出す。それだと、作られたもの、作られた想いになってしまう。おれはこう思うんだ！って事をしっかり持ってデザインできることは、とても強いことだと思います。

こんなことをいうと逆説的になってしまうんですけど、我が強いだけでもダメで。我と柔軟性のバランスが良いってことも大事。周りの意見を聞かない、取り入れないってなると成長もできないし良い物は作れない。俺はこう思うっていう我が強いうえに、建設的に意見を交換できてブラッシュアップできる。そんな意識を持ってやっていくといいんじゃないでしょうか。

INTERVEW
04

鉄道デザイナー
塩野太郎

Train Designer　TARO SHIONO

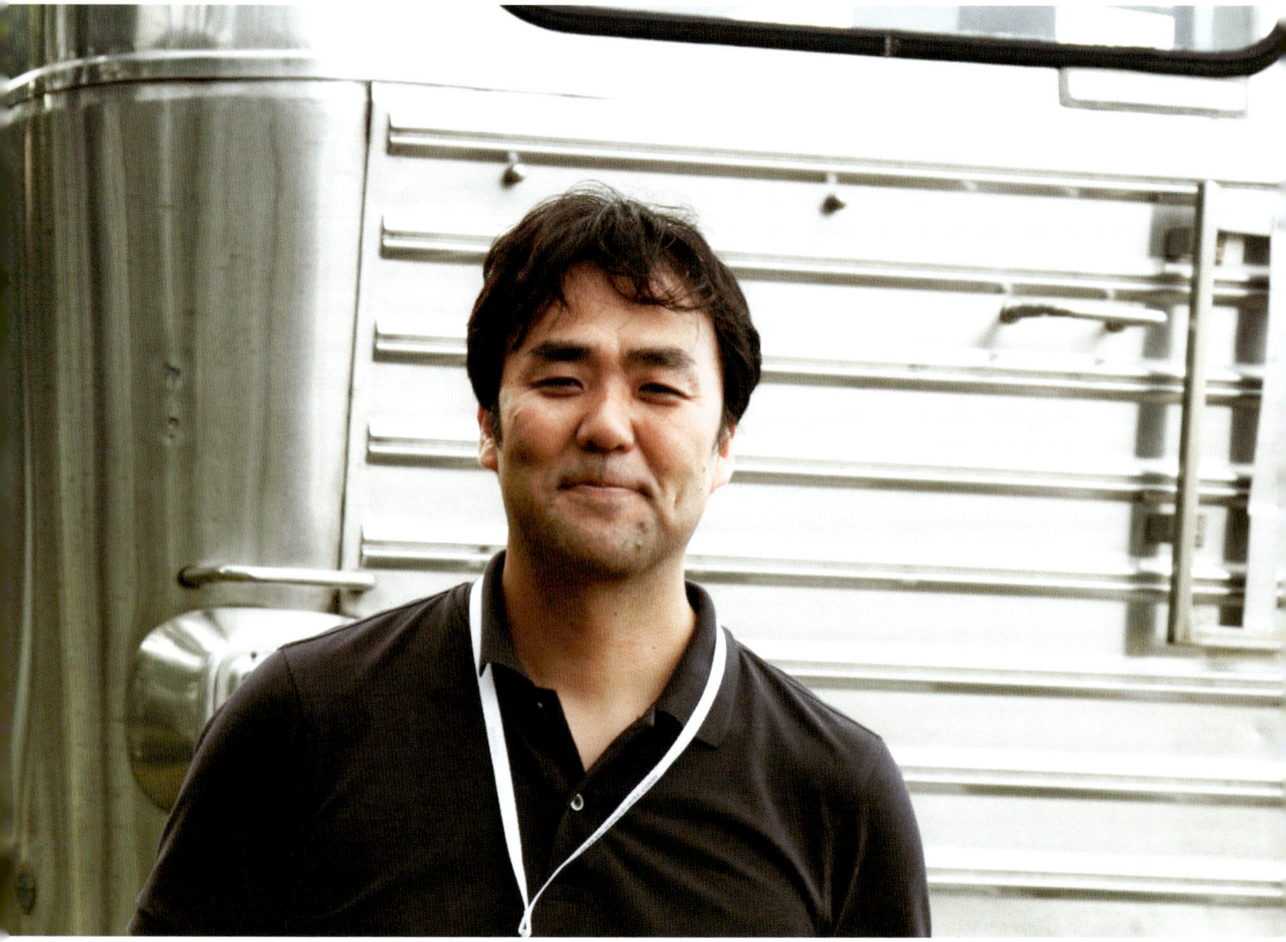

TARO SHIONO

塩野太郎 = 1970年、愛知県豊橋市生まれ。公立高校を卒業後、京都市立芸術大学※1の美術学部に進学。プロダクトデザインを学んだ後、日野自動車デザイン部に就職。21年間、商用車（トラック、バス）、ピックアップトラックなど数多くのプロジェクトに携わる。2014年7月、総合車両製作所にデザイナーとして転職し現在に至る。デザイナーとしての一面の他、ユニバーサルデザイン※2のジャンルを超えた研究活動など幅広く活躍している。

原体験は航空機

父親が大の自衛隊オタクでした。航空自衛隊ですね。小さい頃から決まって秋口には飛行場にいて大きな鉄の塊を触っていました。だから小さい頃の写真は航空機の前でVサインをしている写真ばかりです。いまでもその幼少体験がベースになっていると思います。大きな車両をみると必ずペタペタ触っては悦に入っていますから（笑）。

そして母親は、大の美術ファン。僕自身も、小さい頃から絵画教室に通っていて、絵が得意な子として育ちました。

デザインや芸術には昔から慣れ親しんでいたんですね。

そうですね。絵が得意だったので、自然と美術系を意識してはいました。高校は進学校に進んだのですが成績はあまり良くありませんでしたので目立つ存在ではなかったと思います。でも毎年体育祭に各クラスでデコレーション（応援用のオブジェ）を作る機会がありまして、クラスで造形担当の役目をもらって活躍することができました。体育祭のデコレーション製作をきっかけにモノを作るのって楽しいなと思うようになり、自分の得意な絵を活かせる道としてはっきりとデザイナーを志すようになります。

京都市立芸術大学ではどのようなことを学びましたか？

スケッチが活かせて世に出て役に立つものをデザインするのなら？と考えた結果、最終的にプロダクトデザインを選択しました。ただ90年代初頭、京都市立芸術大学は現代芸術で大変勢いがありました。ペインティングアートやインスタレーションアート、彫刻、グラフィック、映像、音楽、建築。幅広く学んだ知識や経験は、いまでも好奇心の源泉になっています。

就職活動中はちょうど世の中はバブルがはじけた初年度の年です。最初は家電を志望していたんですが全く決まらなかった。次第にやりたいことと向いていることが違うのかも？と自分の中で少しずつ疑問が出てきました。そんな中、公共交通機関としてのバスやトヨタ自動車のSUVトラックなど、どちらもやっていた日野自動車の募集にめぐり会い、カーデザイナーとして就職することになります。当時のスケッチを見ると恥ずかしくなるのでスキルはなかったと思います。熱意と考え方を猛烈にプレゼンして入社する事が出来ました。

※1 京都市立芸術大学 = 1950年に京都に設置された公立大学で、日本では初の公立の絵画専門学校を母体に設立された。
※2 ユニバーサルデザイン = 文化・言語・国籍の違い、老若男女といった差異、障害・能力の如何を問わずに利用することができる施設・製品・情報の設計（デザイン）を指す。

当時はどのように練習していましたか？

大学に乗用車メーカーから非常勤の講師の方がいらっしゃって、スケッチを描いたりモデリングを教えてくれました。ですがそれも月に数回だけ。ですので、カースタイリングを買い、スケッチを自己流で描いていました。なかなかパースが取れないので、車に見えない。そのまま日野自動車に入社したので、優秀な先輩にコツを教えてもらうことにより少しずつ上達していきました。

コツというのは？

先輩に教えてもらったのは、水平線の軸をどこに置いてあるのか強く意識しろ、ということでした。遠近法のロジックですよね。書き手の位置と対象物の関係、視点の位置、それを意識しながら描いていく。パースはロジックが分かるまで、そしてロジックが分かってから形に落とすまで時間がかかります。ですが、きちんと車に見えるかどうかはパースがきちんと取れているかによります。あとは車のそれぞれのパーツの比率をきちんと守ることを教えてもらいました。それができていない状態でスケッチ検討会をすると車に見えていないのでちゃんと見てすらもらえない。後で先輩にアドバイスをもらい、絵を直す、それの繰り返しです。

就職浪人はせずに入ることができましたが、仕事は厳しかった。もちろんすぐに任せてもらえるようにはなりません。先輩のスキルやスケッチをまねて修行する日々が続きました。カーデザイナーは丁稚奉公10年が当たり前の世界です。自信がなくて自分を出せずにいましたね。

10年目の転機、視野が開ける感覚

そんな中、転機が訪れます。モーターショーのモデルを海外で造る事ができるチャンスがやってきたんです。その時にある有名な海外のカーデザイナーの方から「あなたが本当に良いと思ったこと、欲しいと思った物を心に忠実にデザインをしなさい」と言われました。プロフェッショナルのモデラーの方も僕のスケッチの癖、線質、面質どおりに忠実に陽気にモデルを作ってくれました。まさに目からうろこが落ちた体験でした。その頃には、スキルは上達していたんですが、周りを気にしてウケるデザインばかりになってしまっていることに気付かされたんですね。

自分の心に忠実にデザインすることができるようになったことで、目の前がパッと開けたような感覚でどんどん仕事が楽しくなりました。それが日野自動車に入って10年目のことです。

そして2005年にはポンチョ[※3]を手がけることになる。

はい。待望のバスを丸々一台デザインする機会に恵まれました。高齢者から子供まで町をぐるぐるまわってコミュニティーを活性化させる小型低床コミュニティーバスです。学生の頃から思っていた、自分のデザインで世の中を良くする、ということが実感できた最初の経験だったかもしれません。そのデザインを終えた後にユニバーサルデザインを評価するために車両実験部に移籍することになります。実験というのは、室内をおじいちゃんやおばあちゃんに触ってもらい、安全性や、使いやすさを評価してもらうんですね。やってい

※3 ポンチョ = 右ページ上の写真参照。ジェイ・バスが製造し、日野自動車が販売している路線用小型ノンステップバス。愛称の由来は、ポンと乗ってチョこっと行くことから。2006年のグッドデザイン賞も受賞している。

ることは人間工学の領域です。その経験もまた、新たな気付きを与えてくれました。実験をするともちろん思っていた通りに使ってもらえたところばかりじゃありません。予想外の所も多々ある。それらを修正していくということは、デザイン部の仕事に人間工学的にNGを出すということです。そのような苦い立場を経験しました。

ですがそこでユーザーとの対話から必要とされるものを導き出すという、いわゆる人間工学とデザインの間の領域、ユーザビリティーエンジニアリングを体得しました。身体的特徴を配慮して、工学的に形状をコントロールし、使いやすさと心地よさを作り出す、かつデザイン的な魅力と両立させるというスキルですね。何のためにデザイナーはデザインをしなけらばならないかが腹に落ちました。

当時この領域はまだ発展途中の領域で、デザインにおけるアイデアの源泉、宝の山を見つけたと感じました

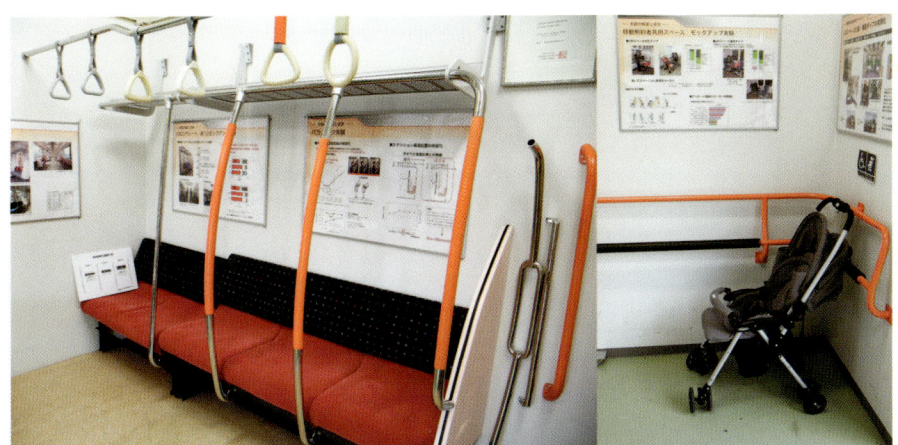

総合車両製作所にあるユニバーサルデザインの「UD商品企画室（UDラボ）」。ユーザーからのフィードバックを得て、さらに改良されていく。

TARO
SHIONO

LeJapon Tramwa

タイトル「和のトラム」
日本の各都市に、日本独自のトラム文化が育つようにと願いが込められたスケッチ

　ね。デザインを担当したコミュニティーバスは、順調に日本の自治体で少しずつ評判になり、今では多くの都市で見かけることが出来るほどになりました。愛称をつけてもらい町のシンボルになっている地域もあります。デザイナー冥利につきる貴重な経験だと感じます。これぞ自身の道であり、ライフワークを見付けたと感じました。

鉄道デザイナーとして転身されるきっかけは？

　その後、カラーマテリアル業務とユニバーサルデザインをローテーションで担当することになります。カラーとマテリアルだけで車両の価値を作るという新たな観点とスキルを身に付けました。また、ユニバーサルデザインということで公共交通である鉄道デザインを研究するようになり、どんどんと鉄道に惹かれていきます。鉄道は、街単位だけではなく、沿線全体の都市と都市をつなぐ生活エリアで考えなくてはいけません。そ

して、都市計画や人々の移動の文化も考えてデザインする必要がある。デザインの公共性が重視され、注目度も非常に高い乗り物です。

鉄道デザイナーは非常に席が少ない職種ではないですか？

日本にある車両メーカーは数社。おそらくデザイナーは全て合わせても30～40名程ではないでしょうか。ですので、なかなか募集も出ません。いろいろな方に鉄道車両について話を聞きに行き、ジャンルを超えた自主研究活動を行っていました。縁あって総合車両製作所で働くことになりましたが、まだ3ヶ月しか経っていないのに大忙しです。現在の目標は通勤車両を多くデザインし、今よりもっと使いやすく、そして魅力的な車両を走らせて、人々の移動をより豊かにする事です。自分が使う路線って、普段は気付かないですが、自分の地元そのもの、日々の生活の舞台そのものなんですよね。その地域に根差したものになっている。その分、責任も大きいですがやりがいを感じます。

今後は海外にも日本の通勤車両を出していくので、日本の電車づくりで世界の方から喜ばれたい。デザインや、照明や音響、情報との接し方やマテリアルの使い方、ユニバーサルデザインなどを高めることで、まだまだ鉄道車両や移動そのものをよい方向に導けると考えています。一方、特急車両は旅行の移動手段として使われる場合、旅そのものの目的の一つになる場合があります。人々の人生の楽しみの一端を作り出す、そんなことに携わることが出来るのは嬉しいですよね。それ自体が観光コンテンツとなり、地方都市を活性化させる可能性がありますが、それには相当のデザインの力量が必要です。旅の楽しみを増やせるような仕事をしていきたいですね。

チャンスは多くないのですが、機会に恵まれれば担当してみたいと思っています。

カーデザイナーを目指す方にメッセージをお願いします。

大きく分けると「能力」「考え方」「熱意」この3つが大事かな、と。車両コンセプトや製品意図を、手描きスケッチで車として魅力的に表現できる「能力」。命題に対して問題点を整理し、新たな価値や魅力、そしてそれを伝える物語をつくる事ができる「考え方」。ものづくりに大切な「熱意」。熱意は人を動かします。この3つを高めていくことを意識するといいと思います。というのも、プロとして選ばれるためには「この人と一緒に働きたいな」と思わせるようなスキルと雰囲気を身に付けることが大事。将来的に同僚になってこの人と働きたいなと思わせる雰囲気があることで「あの子良さそう」「いい奴いるねえ」という反応になります。

それには「能力」「考え方」「熱意」を鍛えることがとても重要。ではどうするか。近道は先生や講師に作品をみてもらい、講評（レビュー）を受けフィードバックをもらう事です。プロも毎日やっています。そうすることで自分でも気付きがあり、努力をするようになります。そして上達のコツや足りない所を教えてくれます。みんな一度は通った道なので優しく教えてくれますよ。

よいサイクルで「スキル」「雰囲気」が備わるので恥ずかしがらず、面倒臭がらずにやってみることをおすすめします。

Car Designer
TOSHIO YAMASHITA

Associate Professor
MORIYOSHI HATTORI

Fuji Heavy Industries Ltd.　General Manager, design
MAMORU ISHII

Hino Motors, Ltd. General Manager
KOUSUKE MATSUYAMA

Kawasaki Heavy Industries, Ltd. Chief Liaison Officer
TORU KIMURA

Daihatsu Motor Co., Ltd. Design Director
HIROHUMI ISHIZAKI

挑戦し続ける人達

LEADERS

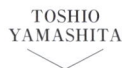

TOSHIO
YAMASHITA

INTERVEW

05

カーデザイナー
山下敏男

Car Designer　TOSHIO YAMASHITA

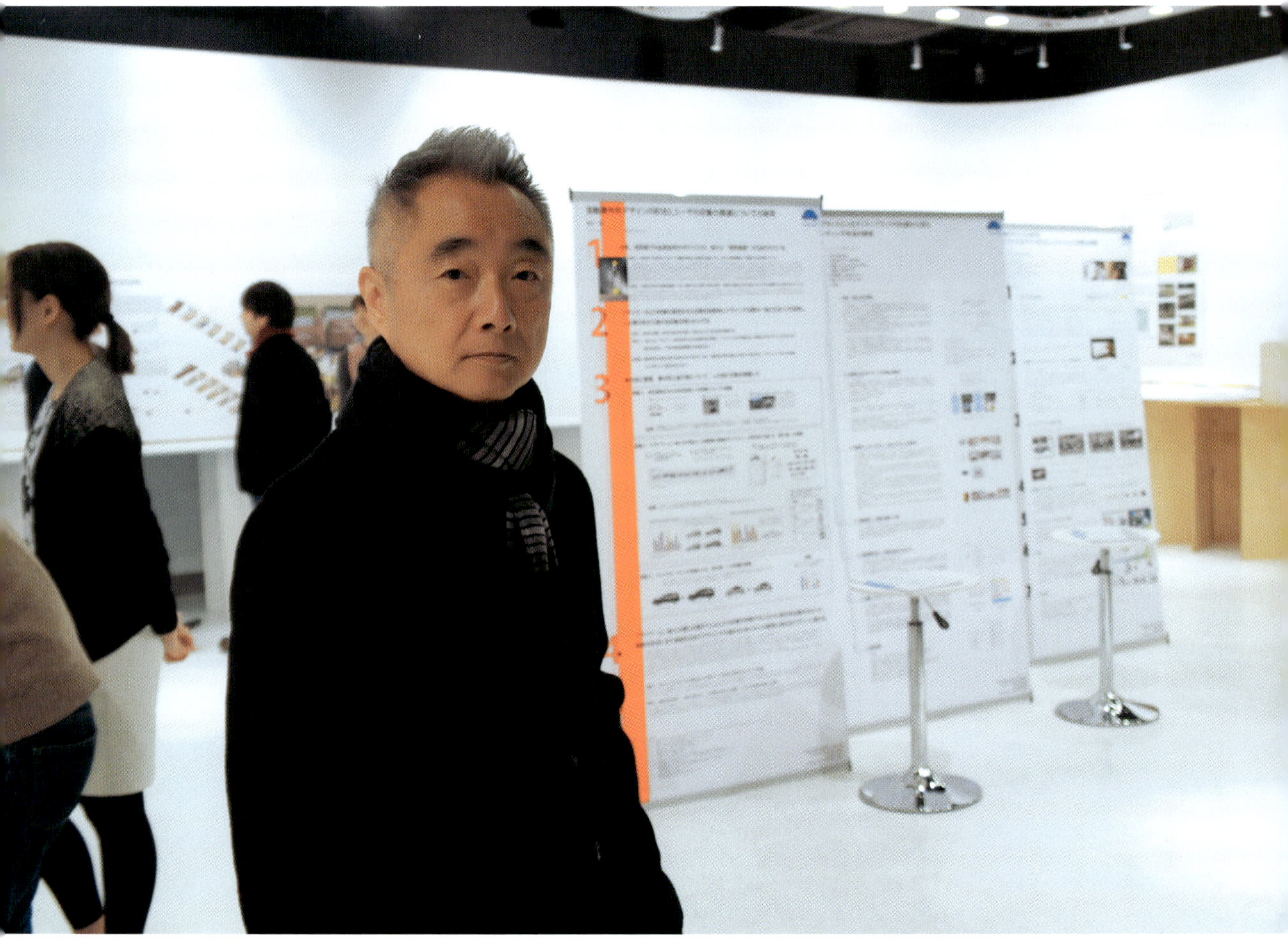

山下敏男＝1949年、福岡生まれ。福岡市立博多工業高校工芸科卒業後の1968年、日産自動車にデザイナーとして入社。パーツデザインからスタートし、2代目バイオレットを皮切りに、様々なプロジェクトに携わる。フェアレディーＺ Z32のデザインを代表に、シルビア240SX、スカイラインGT－R、インフィニティG35、Q45など、車本来の魅力を伝える数々の車種を手がけた。2008年には首都大学東京[※1]の教授に就任し、各方面でカーデザインの魅力を伝えながら、多くの学生にトランスポーテーションデザインを教えている。

建築家志望、車には興味なかった

もともと建築家になりたかったんですよ。博多で生まれ育ったんですが、田舎ということもあって学生時代の頃は、周りはまだそんなにクルマが普及してなかった。クルマには特に興味は無かったです。高校の願書にも第一希望が建築科、第二志望で工芸科と書きました。ですが、合格通知を見てみると第二志望の工芸科で通ってたんです。これは父親にこっぴどく怒られるな、と思って恐る恐る報告したところ、「あぁ、俺が学校に電話して第一志望を工芸科に変えといたんだよ」と言うんです。お前は体が小さいから建築家になると職人にナメられる、工芸の方がいいに決まってる、と。何を勝手に変えてるんだと思いましたね。ただ、その時は勝手に志望先を変えられていたことよりも、怒られなくて良かったという気持ちの方が大きかったです。

高校では、絵を描いたり家具を作ったりとそんなことをしていました。3年生になってすぐ、先生から「日産から就職の募集が来ているんだが、誰か受けたい人はいるか？」と告げられたんです。それから10年くらいすると、大学にデザイン系の学部が増えたこともあり、高卒の枠はなくなってしまいましたが当時は工業高校にも募集が来ていたんですね。うちの卒業生では、4年前に1人だけ日産に受かった先輩がいたんですが、それ以降は3年連続で落ちていました。そのこともあって、その時は誰も手を挙げなかった。その後、先生から私とS君という子が呼び出されて、お前らどっちか日産受けろ、ということになりました。S君は、成績は1番。私は6、7番目くらいだったと思います。ですがSくんは、親に相談したら反対されたみたいなんですね。九州からでることは許さないと。そんなことで私が日産を受けることになったんですが、先生は彫刻が専門だし、私はクルマに興味があるわけでも無いのでどうやっていいか全く検討がつかない。とりあえずポートフォリオを作れ、ということでアイロンとかポット、炊飯器なんかをデッサンして持って行きました。

採用試験の前日に、一か所に集められるんですよ。日産会館というところです。その時に周りの学生がどんな作品を持ってきたのか大体分かるじゃないですか。皆A0サイズの大きなパネルに綺麗にまとめているんですけど、私だけですよ。画用紙をクルクル巻いて小脇に抱えるというスタイルは。作品を見てもレベルが違う。夜中に逃げて帰ろうかなと本気で思いましたよ。あぁこれは落ちたな、と思ってたんですけどなぜか受かりました。

当時は、性格判断とデッサンと面接だけでしたね。そう、それくらいの時です。自動車会社に入るんだから、ちゃんと車を見ておこうと思って、初代サニーのクーペを見に行きました。その時が初めてですよ、クルマってカッコイイなと思ったのは。特にサニークーペのリアビューにかっこよさを感じました。

※1 首都大学東京 ＝ 2005年4月に、都立の4つの大学「東京都立大学」「東京都立科学技術大学」「東京都立保健科学大学」「東京都立短期大学」を再編・統合して設置された公立大学。2006年にスタートしたシステムデザイン学部のインダストリアルアートコースでは、トランスポーテーションを学ぶことができる。

パーツデザインの日々、奇策に出る

高卒で入社したので、やらせてもらえるデザインはパーツだけでした。フルサイズのデザインは、すべて大卒のデザイナー。高卒組はみるみるうちに辞めていきましたね。パーツ以外はやらせてもらえないから辞めたほうがいいよ、と先輩デザイナーから言われたこともありました。僕は図面を早く描くのは得意だったんですが、クルマのスケッチはとてもヘタでした。パース[※2]は滅茶苦茶でしたし、パステル[※3]の使い方すらまったく分からない。そもそも入社して初めてパステルを触ったくらいでしたから。誰にも教えてもらったことが無かったんですね。

「なんで山下がウチに入社できたのか分からん」「誰が山下を入れたんだっけ？」っていう話になったんですよ。なので、仕事が終わって寮に戻ってから、スケッチの練習をしていました。今後、パーツ以外のデザインができる保証なんて全く無いですが、今のレベルのままだとそれこそチャンスすら巡ってきませんからね。とにかく必死でした。描いたスケッチを、同じ部屋の先輩に見せると「タイヤはここじゃないだろ」と半分呆れながらも教えてくれるんです。でも難しいんですよね。タイヤはもっと右だろ、と言われても、次また新しいクルマを描くとどこにタイヤを描いていいか分からない。ひと通りダメ出しをされて、そこからまた何枚も描いてという繰り返しです。当時の上司からも描き方からデザイン理論まで教えてもらいましたね。あとは、周りはデザイナーだらけでしたので、うまい人の描いているところを横目で見て盗む。そういった環境だったのでメキメキと上達することができました。自分一人だとそうはいかなかったでしょうね。当時の先輩や上司には感謝しています。あとはカースタイリング誌を見て、自分なりに研究していました。

パーツ以外のデザインをしたきっかけは何だったのでしょうか？

よく覚えていますよ。ちょっと裏技を使いましたので。当時の私は、ひたすらパーツの仕事ばかりです。その日はラジエーターグリルをデザインしていたと思います。ただ、黙って待っていてもパーツ以外の仕事が来ないと分かっていましたから、どうやってチャンスを引き寄せるかいつも考えていました。そんな中、ふと横を見ると、2代目シルビアのプロジェクトメンバーが集まってアイデアスケッチをしていたんです。スケッチをしてはどんどん壁に貼ってるんですね。壁一面が皆のスケッチで埋まっている。

これだ！と思いましたよ。自分のスケッチに自信があった訳ではないですが、まずはとにかく皆に見てもらいたかった。仕事時間中は、ラジエーターグリルのデザインをしていないとマズイので、寮に帰ってから皆と同じサイズでスケッチを描いて、朝早く会社に行ってこっそり壁に10枚くらい貼りました。こうでもしないとチャンスはやってこないですから。
その日も私はラジエーターグリルのデザインをしながらスケッチ検討会の様子を伺っていました。壁に貼られたスケッチの中から上司がいいものを選んでいくんですが、「これいいね。誰が描いたの？」って言っても誰も手を上げない。10案くらい選ばれている中で、私のデザインしたスケッチが3案くらい入ってましたね。「私が描きました」っていきなり横から手をあげたらみんな「えっ！」て驚いて。すんなり検討会に入ることになって、私がデザインしたものもそのまま選ばれ、1/5サイズのスケッチまで描きました。

※2 パース ＝ パースペクティブ（遠近法）の意で、イラストなどにおいて、遠近法を持った表現を行う手法を指す。遠近法に則ったスケッチを描くスキルは、カーデザイナーやプロダクトデザイナーを目指す上で必須のものと考えられている。

※3 パステル ＝ 乾燥した顔料を粉末状にし粘着剤で固めた画材。カッターナイフ等で削って再び粉末状にしスポンジ等で塗ったり、直接手で持って塗ったりできる。絵画のほか、デザイン、デッサン等に用いられることが多い画材。一昔前まではカーデザインの世界でも使われていたが、近年はあまり使用されない。

もちろん私の名前は出てないんですが、カースタイリングにも掲載されたんですよ。初めて自分が描いたスケッチが載ったということで嬉しかったのを覚えてます。それをきっかけに、山下って絵うまいんだね、と周りに評価されだして、私のやったパーツデザインにも注目してくれるようになりました。

あたま2つ抜けたデザインを

常々、人と違うことをやろうと考えていました。スケッチを壁に並べて貼った時に少しでも見てもらえるように背景を真っ赤に塗りつぶしたり。とにかく考えられることは行動に移しました。大卒で来ている人はプロジェクトに入ると必ず1案持たせてもらえる。私は高卒なので、あたま2つ抜けたデザインをしないと選ばれないと思ってますから。あと、父親は水戸黄門を見て「いつも同じ展開を見て何が楽しいんだよ」と常々言っていました。新しいことを期待するという血が私の中にも流れてるのかもしれません。

入社5年目で結婚したのですが、新婚旅行に行きますと報告にいったら、「帰ってきたらショーカーかA10のバイオレット[※4]を担当させてやる」と上司が言ってくれたんですね。バイオレットだと私がメインじゃないので、本プロジェクトに入ったらすぐに落とされるだろうなと思いました。ですので、あんまり邪魔の入らなさそうなショーカーに決めて、担当させてもらいました。フルサイズのショーカーを全部自分でやったのでとてもいい経験になりましたね。

そのショーカーの仕事を終えたら、バイオレットのプロジェクトが焦げ付いていて進んでなかった。それもやりたいなぁと思ってデザインしたらスケッチもモデルもウィナーになっちゃった。でもそれは私の力というよりも、大塚宗三郎さんという日本でも稀に見る優秀なクレイモデラーさんが付いてくれたことが大きかったと思ってます。「山下、何としてもこの案通そうぜ」って言ってくれて。お前のやりたいことを言え、あとは俺が作る！って感じですよね。ああしよう、こうしようと作戦を練って、これぞ二人三脚という感じで進めていけたんです。凄く優秀な方だったんですけど、日本語は滅茶苦茶でしたね。「アルミの鉄板」て言ってましたから。

大塚さんには今でも感謝の気持ちしかないですね。今の私があるのも彼がいてくれたからこそだと思っています。それが24、25歳のとき。周りは30歳を超えるデザイナーばかりなので、みんな私のことなんか気にも留めてなかった。なので、ウィナーになったはずなのに、落ちた方のデザイナーがその後の生産展開を担当することになり、私がパーツにまわされちゃったんです。

そうすると、デザインがどんどん私の案から離れて、その先輩の案に寄っていっちゃうんですよね。それを見かねた上司がその先輩デザイナーを外して、無事私が担当することができました。通常、デザインで2〜3ヶ月、その後の生産展開で3ヶ月くらいかかるのですが、その先輩デザイナーから私に変わった時にはあと1ヶ月半ぐらいしか時間が残っていなかった。最初のプロジェクトだったんですが、100パーセント満足がいったかというと…未だにあのバイオレットはもう一度やりたいなぁと思いますね。世の中に出た時は今でも覚えています。「デザイナーっていい仕事だなぁ」と心の底から思いました。その後はノッてたのか、ポンポンポンと色々やりましたね。

セドリック430のワゴンと4ドアハードトップ[※5]も担当しました。はじめにワゴンを担当したんですが、スケ

※4 A10型バイオレット ＝ 日産自動車が生産していた小型乗用車で、車名の「バイオレット」は英語で「スミレ」の意味。A10型は1977年5月20日にモデルチェンジとして登場した。北米ではダットサン510。

※5 ハードトップ ＝ スリーボックスの形態を持つ車で、側面中央の窓柱（Bピラー）を持たない形状を指す。スポーティさ、開放感を持たせることが主な狙いで、固定された屋根を持つボディ形状にもかかわらず、オープンカーに脱着式の屋根を装着した時のスタイルを連想させるデザイン手法である。

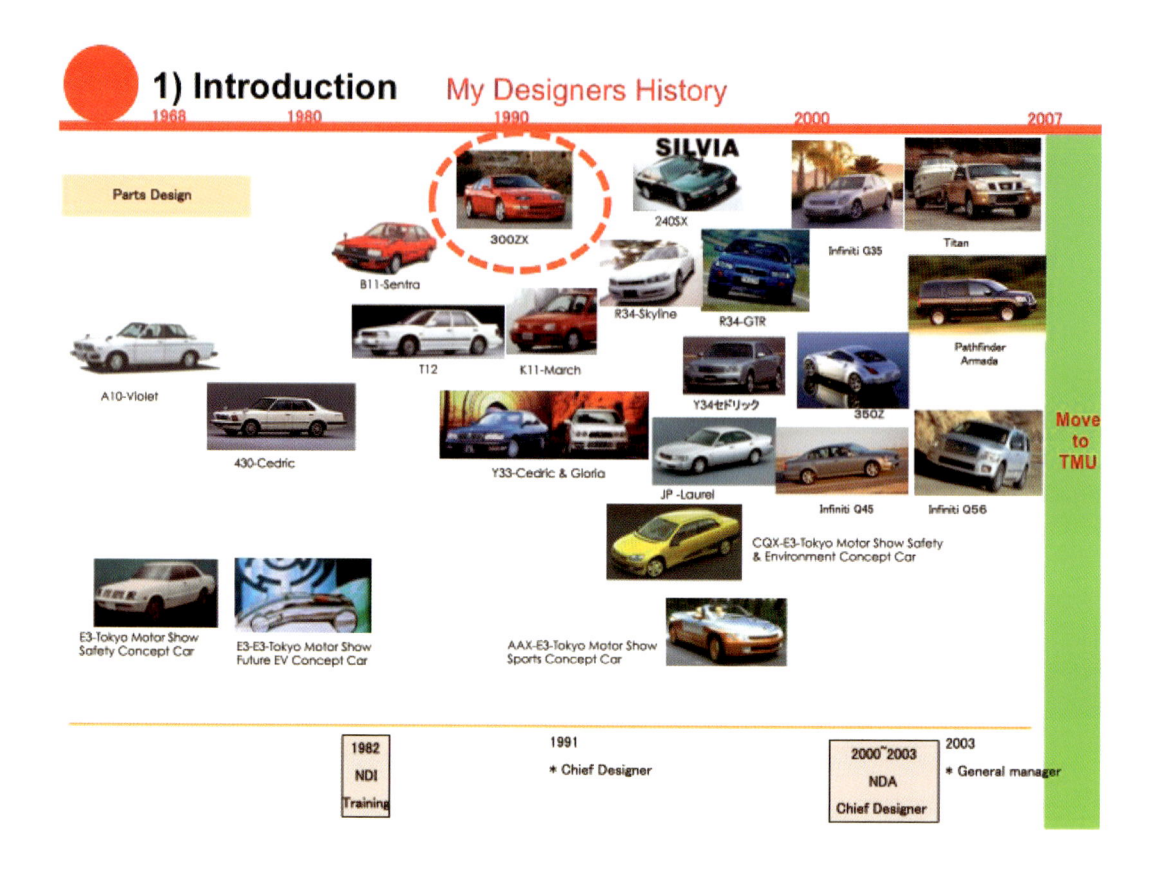

1) Introduction — My Designers History

ジュールが2ヶ月あったんですけど、承認まで1ヶ月で終わらせちゃいました。デザイン自体は2週間。ルーフ後端が上がっているのが特徴的なんですが、「ここで麻雀しよう」なんてコンセプト立てて作ってました。その後に4ドアハードトップも担当させてもらいました。よく見ると分かるんですが、リアウィンドウがパキッと折れてるんです。これは一番最初にショーカーをやったときに考えたアイデア。熱線を入れて曲げると綺麗に曲がることが分かってたんで、その技術を使いました。周りと同じことをやっていてもダメだと強く思っていたので、どんなことでも一工夫するクセがついていたんですね。セドリックでは、このリアガラスの開発ということで社長賞をもらいました。

セドリックの次は、ショーカー、セントラ、オースターバイオレット、そして次のセドリックシリーズ、この間にもちょこちょこやってるんですけど、それで4代目のフェアレディZですね。それ以降は、僕がマネージャーになってからのクルマ達です。（上図）

実は、途中、日産を辞めようと思ったこともありました。アメリカに行く前で、ちょうどルノーが来た時期です。その頃は辞表を書いていつでも出せるように持ち歩いていましたよ。面白いもので辞表を書くと人間腹が据わります。なんて言うんでしょう。言いたいことはちゃんと言わなきゃなと自然と思うし、迷いがなくなるというんでしょうか。もう辞めようと最後に中村史郎さんに相談したんです。そうしたら「もうちょっと頑張ってくれ、なんとかするから」と。このあとは…オフレコでお願いします（笑）。

ゼットの開発秘話

まずはじめは、シルビアとゼットの先行開発をやるんで絵を描きなさい、ということになりました。ですが、僕はゼットしかやりたくなかったので、シルビアは描きませんでした。一緒に頑張っていたデザイナーはもちろん両方描いてきますよね。僕のスケッチを見て「山下さん、シルビアは？」と言うんです。

「え？描かなかったよ？」というと「ズルい！卑怯者！」って。ゼットのデザインをしたい！という想いが強かったので色々と考えた結果、ゼットだけ描いたんでしょうね。結局、僕のスケッチが案として選ばれて、僕一人だけメンバーになりました。一人でスケッチして、スケールモデル作って、2案提案しました。ゼットはだんだん大きくなっていってたので、小さいゼットが欲しいなと思ってミッドシップの小型のライトウエイトも考えましたよ。

アメリカに行って現地発想[※6]もしました。3人でアメリカをずーっと周って、マジメに描いたスケッチは1枚だけ。前にディーノが走っていたんですよ。単純なことなんですけど、アメリカって広いからワイド＆ローだなということで、スポンと頭のなかに浮かんだものをホテルでスケッチしました。
あとは、アンテナでも苦労しました。はじめ、設計の要望はAピラー[※7]の付け根付近（次ページ上写真）なんですよ。アンテナはルーフよりも上げないといけない。でもTバーがあるんで出すとこが無いんですと。いやいや新聞社の車を作ってるんじゃないんだから、と言ってもこれ以上やりようが無いと言う。らちが明かないので、役員が見に来る日を見計らって、あえてその日に本当にアンテナを立てておいたんです。

案の定、役員が見て「山下君、これなに？」と言うんで「いやぁアンテナなんですよね、なんともならなくて」なんて白々しく言いながら。役員が「分かった、ちょっと言っとくわ」って帰っていったんですが、次の日にはアンテナが後ろ（次ページ下写真）に変わっていました。早かったですよ。

その頃、あるマネージャーから、「山下。このプロジェクトはやばいから、仕事終わったらさっさと帰れよ。暗闇で石が飛んでくるぞ」と言われました。僕のアダ名は「ヤダ下さん」っていうんですよ。ことあるごとに「ヤダ」って言って突っぱねていたんです。なので山下じゃなくてヤダ下。あれだけNGを出してたら闇討ちにあうかもしれないと言われていました。アンテナだけじゃなくてヘッドランプでも開発に苦労したんですけど、僕にヤダと言われたマネージャーが条件を持って帰るときなんか本当に心配になりましたよね。でも「できない」と言われた時は「ホンダの技術者だったらとことんやるよね」と言いました。

でも本当にそう思っていました。ヘッドランプ、ガラスもアンテナもちゃんとしなきゃいけないし、それ以外にもいっぱいあるんです。はいはい、と受け入れてたらありえないものが出来上がってしまう。

ある人に、「ゼットは米（こめ）だから失敗するなよ」と言われたこともあります。意味は分かるんですけどね。挑戦するような気持ちがないとスポーツカーなんて面白くもなんとも無いですよ。守りはセダンでいいんじゃないか。ゼットで食うような会社ってオカシいんじゃないか、と。当時はマネージャーという立場でも無かったんですが、プロジェクトのリーダーとしてやっていたので、話す相手が部長でも妥協するわけにはいかなかったんです。

※6 現地発想 ＝ その製品が販売される予定地域まで赴き、そこで実際にデザイン業務を行うこと。現地ならではの空気や細かいニーズをデザインに反映させることができる。

※7 Aピラー ＝ Pillar（ピラー）とは柱のことで、フロントガラスの両脇、運転者と助手席の斜め前にある柱をAピラーという。ちなみに、前部座席と後部座席の間にある柱をBピラー、後部座席斜め後ろにある柱をCピラーという。

TOSHIO
YAMASHITA

フルサイズ　モデル

TOSHIO
YAMASHITA

Exploratory Phase

アイデアスケッチから１／１サイズでのテープドローイングやフルサイズモデリング。下の
スケッチは現地発想で描かれた１枚。ワイド＆ローというプロポーションがキーとなった。

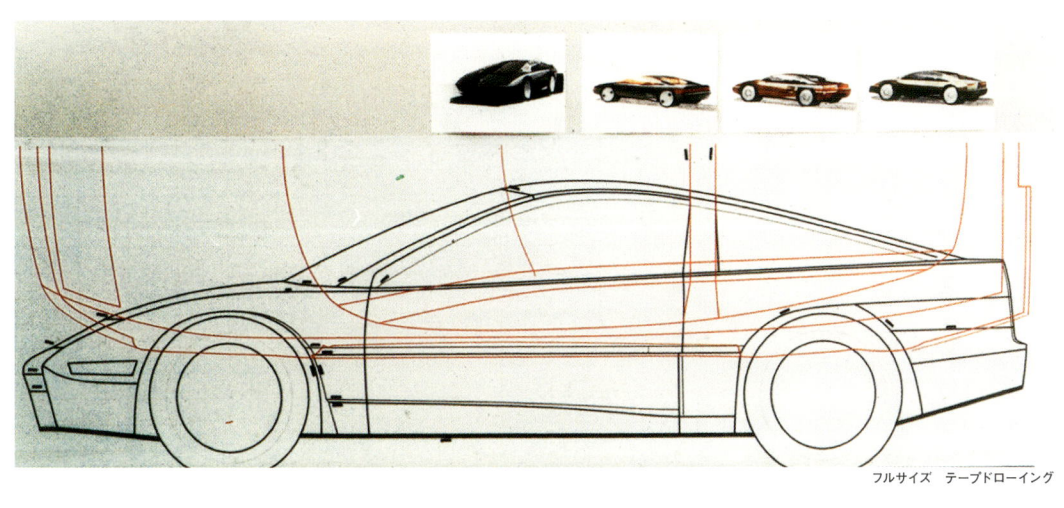

フルサイズ　テープドローイング

TOSHIO
YAMASHITA

初期アイデアスケッチ

| 42 | Ignition

その甲斐もあってフェアレディ Z Z32 は 1990 年にモータートレンドマガジンによるインポートカーオブザイヤーとグッドデザイン大賞を受賞しました。その後も Europe Best100 for 20 Century や、オートモービルマガジンの AUTOCAR Best 25、GQ マガジンの The Most Stylish Cars of the Past 50 Years などですかね。多すぎて全て把握しきれていませんが、大変光栄なことでありがたく思っています。

紙に立体を表現するということ

私も最初は綺麗なスケッチは描けませんでした。カースタイリングを見て練習するしかありませんでした。でもね、どんな順番でどうやって描かれているかが分からないんですよ。マーカーで順番に塗っていくんだろうなとは思ってたんですけど、タイヤの位置なんかも先輩に言われないと分からない。もっと右！とか、もう少し細く！とか言われてもその時のスケッチは直せても次にスケッチを描くとまたズレるんです。理論的に教えてもらうと分かるんですよね。ホイールベースにタイヤがいくつあって、上から見るとこうなるから立体はこうなってるよね、なんて説明してもらうと分かるんですけど言われるまでは全くわからない。

私は首都大学東京でトランスポーテーションデザインを教えているんですけど、うちの学生の絵を見ていると僕と同じことが起こっています。紙に立体を表現することは難しくて、丁寧に説明しないと 2 次元の絵をただ描いてるだけになってしまう。まずは輪郭を頭に入れながら描いていくことですね。セクシーな車の輪郭を表現することに注力して、ちょっとした線なんかの細かい部分は後から入れればいいんです。そうすれば徐々にタイヤの位置をどの辺に置けばいいというのがわかってきます。うちのカミさんが生花をやっていましてね。先生がちょっと手を入れてくれると同じ材料なんですけど、全然見映えが違うと言うんです。自分と先生じゃ見てるところが違うんだろうね、と。そういうことだと思います。

僕らにとっては些細なことなんですけど、ビギナーの方にとっては重要なこと。そういったコツは経験者に教えてもらわないと、出来ない人は一生出来ないかもしれません。描き方から教えるんですけど、つまずくポイントはそれぞれ違うので、横に張り付いて一人ひとり教えてますよ。あと、自動車メーカーを受ける人には 1 日 100 枚スケッチを描け、1 ヶ月くらいそれを続けてみたら？と言っています。

某メーカーに受かった学生がいるんですけど、言ってましたよ。「俺はみんながボヤッとしてる間に必死になって練習してたんだ。描いたスケッチの枚数は誰よりも多い自信がある」って。

やる気のある 1 年生で、たまに僕にスケッチを見せに来る子もいます。そういう熱意のある子はどんどん上手くなりますし、きちんとデザイナーになれる。採用する側もデザイナーですから、プロの目はごまかせない。もちろんスケッチの上手さだけじゃないですが、最低限の表現力を身に付けるだけの練習量とそれを続けられる熱意がないと土俵にも立てないですからね。

INTERVIEW
06

静岡文化芸術大学
准教授
服部 守悦

Associate Professor　MORIYOSHI HATTORI

服部守悦＝1959年生まれ、愛知県出身。武蔵野美術大学 造形学部 工芸工業デザイン学科卒業後の1983年、スズキ自動車株式会社入社。携わったプロジェクトは多岐にわたり、RJCカーオブザイヤー「ワゴンR」（2008年）、「スイフト」（2010年）、日本産業デザイン振興会グッドデザイン賞「カプチーノ」（1992年）、「エスクードV6」（1995年）、「Kei」（1999年）、「MRワゴン」（2001年、2011年）、「ツイン」（2003年）、「ワゴンR」（2008年、2012年）、「アルト」（2009年）、「ソリオ」（2011年）、「スイフト」（2011年）、「MRワゴン用タッチパネルオーディオ」（2011年）、日本産業デザイン振興会ロングライフデザイン賞「ジムニー」（2008年）、「ワゴンR」（2009年）、日本流行色協会オートカラーアウォードデザイナーズ賞「アルト」（2005年）、日本流行色協会オートカラーアウォード審査員特別賞「スイフト」（2011年）、インディアデザインマークグッドデザイン賞「ワゴンR（インド仕様）」（2012年）、「スイフト（インド仕様）」（2012年）、「デザイア」（2013年）、「エルティガ」（2013年）など受賞多数。2014年4月より静岡文化芸術大学デザイン学部にて教鞭をとり、自身の知見を次の世代に伝えている。

ラリーに夢中な子ども

幼稚園の頃にはすでにクルマに夢中でしたから、正直覚えていませんね。ミニカーで遊ぶのが大好きでした。いっぱい買ってもらいましたね。年に一回出るような「世界の自動車」のような本も、かならず毎年買ってもらって貪るように読んでいました。一人っ子ということもあって、外に出て遊ぶよりも家の中で過ごしている方が好きだったんですね。小学校に入る頃には世界中の車の名前は全て頭の中に入っていました。当時からスケッチブックにクルマの落書きをよくしていましたよ。

「栄光のラリー5000キロ」という本をご存知ですか？ニスモ初代社長難波靖治さんのサファリラリー参戦記をドキュメンタリーで、児童書として出版した本です。「世界一過酷な自動車競技の優勝記録」というサブタイトルなのですが、苛酷さが伝わってくる描写に子どもながらに興奮を隠せませんでした。それ以来、ラリーカーの魅力にどっぷりハマってしまい、クルマの絵を描くときはいつもラリーカー。同じようなクルマばっかり描いていたんですが、自分の中ではストーリーがありました。一枚目はラリーカーと水たまり、その次はそのラリーカーがちょっとぶつかっているところ、その次は山の中を走っている、という感じで。絵コンテのようなものですよね。

ウチは叔母も一緒に暮らしていたのですが、その叔母が当時ブルーバードの女性仕様車であるファンシーデラックスに乗っていたんですね。今考えると、女性ドライバーが少ない中で、よくそんな企画をして実現したなと思うんですけど、ウインカーを出すとオルゴールが鳴ったり、ハイヒールスタンドや傘立てなんかが装備されていて。そのブルーバードに乗せてもらうのが好きで、よく喫茶店にコーヒーを飲みに連れて行ってもらったりしていました。その叔母が代々ブルーバードを乗り継いでいたので、小さい頃から身近にそういう新しい車があり、とてもありがたい環境でしたね。

中学校に入ってバレーボール部に所属していたのですが、相変わらずプラモデルを作ったりするほうが好きでした。サンダーバードとか戦車とかね。今で言うウェザリングと言うか、ドロで汚れたような感じに一生懸命塗装して。ずっとこんなことをしていたので手先は器用でしたよ。

高校は進学校に行ったのですが、上には上がいることを知らされたので、あまり勉強しなくなってしまいま

した。僕が高校の時、初めてF1が日本で開催されたんですよ。見に行きたかったんですが、どうしても見に行けなかったので、ポスターだけでも欲しいと思ったんですね。それで、学校祭の時に友人と教室にスロットカーのコースを作って、F1を盛り上げるイベントを勝手に企画したんです。それで、主催の新聞社に乗り込んで、F1を盛り上げるイベントを高校で行いますので、公式のポスターをください、と交渉して見事に手に入れることが出来ました。イベントはほとんど誰も来ませんでしたが、身内で盛り上がりました。スロットカーなので、全くのこじつけなんですけど。でも自分で企画することは今でも好きですね。

高3の時に、カロッツェリア・イタリアーナというスーパーカーのイベントが東京でありまして、名古屋からわざわざ見に行ったことを覚えています。当時スーパーカーブームだったとは言え、カロッツェリアのショーカーを並べ、イタリアのカーデザインを紹介するという異色のショーでした。僕はベルトーネが好きだったんですが、その中でも一番好きだったアルファロメオ・ナバホも来てましたよ。他にもピニンファリーナ、ザガート、ミケロッティ、ジウジアーロなどの作品を展示していたんですが、自分が持っているミニカーの実車をみて感動しました。

スケッチの練習はどうしてましたか？

カースタイリングを読んでましたね。安い金額ではないんですが、毎回買って参考にしてましたよ。カーデザイナーになった方の大半はそうなんじゃないでしょうか。

カーデザイナーを目指そうと本格的に思ったのは高校3年生になったときです。それまでは、車は好きだったんですが、デザインとかそういうことは自分にとっては全く現実的ではありませんでした。きっかけは、同級生に油絵をやってる子がいて、美大への進学を希望しているってことを美術の先生から聞いたことです。

それまで話したこともないヤツでしたが、色々話を聞いて、その時にウチみたいな学校からでも美大に行くことなんてできるんだって思ったのがデザイナーを目指すきっかけです。

絵はよく描いてたんですけど、本格的なデッサンはしたことがなかったので、美大に入るために一浪覚悟で2年計画を立てました。

高校3年の時は小さい個人経営の画塾に行ったんですが予定通りに落ちまして、これではダメだと思って河合塾の美大コースに入りなおして、なんとか一浪で合格することが出来ました。デッサンは個人経営の画塾でも基本的には同じことを教えてくれるんですが、平面や立体の勉強では、河合塾にそれなりのノウハウがあったので良かったんでしょうね。

大学に入っても特にカーデザインの授業があるわけでは無いので、自分で練習するしかないですよね。自動車メーカーから誰かデザイナーが教えに来ることも僕の時代はありませんでした。スタイルオートという車に関するクラブがあって、そこに所属していましたね。カーデザイナーを目指す先輩がいたので、カーデザイナーとして就職する手順のような情報は貴重でしたね。カーデザインを学ぶサークルなんですが、実際はそんなことはあまりしていなくてツーリングに行ったりとかがメイン。先輩やうまい人に教えてもらう、みたいなことも特にありませんでしたね。雰囲気ですか？わりと静かな感じで、率直に言うと、明るいクラブではありませんでした。

先行開発でのスケッチ

配属直後、雑誌の企画「若手デザイナーの夢のクルマ」

カプチーノ　スケッチ案

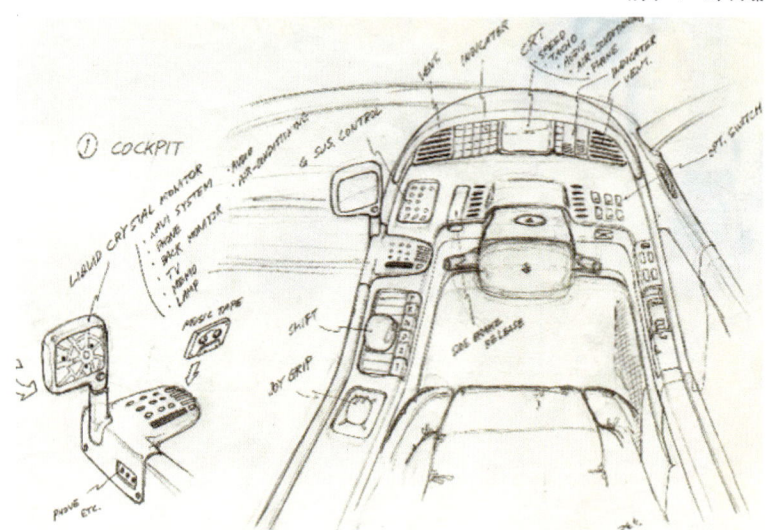

SUVショーカー運転席アイデア

完成したハスラーの前で

スズキで面白いことをやりたい

愛知出身なんで、トヨタに行きたかったんですが見事に落ちまして。どうしようかな、と思っていたら大学の先生が「スズキみたいな小さい会社に行ったほうが面白いぞ」って言ってくれたんですね。そのほうがお前もいろんなことできるんじゃないか？って。それで、大手の実習の後に行われる夏のインターンに参加しました。ちょいのりタクシーみたいなものを提案したんですが、すごい消化不良だったので落ちたと思いましたね。

就職してからは半年の工場実習です。それでも長いと思ってたんですけど2ヶ月延長。その後も応援で呼ばれたりしました。毎日疲れて帰ってくるので絵を描くどころではありませんでしたね。それが終わってデザイン部に配属なんですが、僕はインテリアの担当になりました。エクステリアがやりたくてこの世界に入ったのでかなりショックでしたね。大学の時から図面を描くのが嫌いだったんですが、その仕事も多かったですしね。

なので、毎年エクステリアに配属希望を出し続けて、7年越しくらいで希望が叶ってエクステリアに異動することが出来ました。ちょうど、89年のモーターショーでカプチーノのインテリアやパーツを担当してまして、それが市販化されるタイミングでエクステリアにいきました。忘れもしないんですけど、市販化が決まった後に改めて寸法を測ってみると、軽の規格から片側20mmずつオーバーしているんですよね。ただ単に削ると縦横比が変わってきて印象も違ってきますから、これどうするんだよ、って皆でね。量産になっちゃったらかっこ悪くなったね、って言われるのイヤじゃないですか。だから言葉は悪いですけど、どうごまかすかを必死になって試行錯誤して世に出しました。

その後2代目ワゴンRやエブリィ、MRワゴン、ラパン、とその他にも色々とやらせてもらいました。

クルマは街の景色を変える

大ヒット作であるハスラーはどのように生まれたんですか？

とある販売店の社長さんから、スズキの会長に対しての「スズキKeiみたいな車をもう一度作ってくれないか」という直訴があったんですが、それがきっかけです。昔のジムニーやカプチーノは楽しい車という評判でしたが、最近のスズキは真面目すぎて面白みにかけるよね、という声に危機感もありまして、アクティブなライフスタイルに似合うような楽しい車を作ろうということになりました。私はチーフデザイナーとしてデザイン開発を担当したのですが、エクステリア、インテリア、カラー、モデルの人達を集めてキックオフミーティングをしたんですね。

そこで3つのことを伝えました。まずは、販売店にひとつ展示してあるだけで、スズキのラインナップ全体が楽しく感じられる車を目指す、ということ。面白みを出しながら、他の車も引き立てるような存在を目指そうということです。もうひとつは既存の車と違って見える、ということ。他の車と似ていてはダメだということです。そして最後に、乗っているとどこまでも行きたくなる気持ちになるような、そんな車を目指そう、ということです。

MORIYOSHI
HATTORI

燃費やスペックを競うのではなく、わくわくするコンセプトや
他とは違うスタイリングで車を作ろうということですね。

そうやってデザイン開発を進めていったのですが、おかげさまで多くの方々に受け入れてもらうことが出来ました。ハスラーという車は遊びの車と言いながら、非常に実用的な車なんですね。中身はワゴンRで室内空間は確保されていますし、地上高も高めなので雪国の方にとっても魅力的にうつります。ユーザーの構成比を見てみると、男女、年齢関係なくまんべんなく購入して頂いています。

そういうクルマは珍しいですよね。
服部さんにとって軽自動車をデザインするときに心がけていることはありますか？

軽自動車は日常の足なので、使ってる姿、使ってる人との関係を意識しながらデザインするということを大事にしています。車自体がカッコイイ形をしているのも良いんですが、人が使うことによってさらによく見えるような、そういう方向が好きなんです。あと、軽自動車は数が多い。新車で売れている車の4割くらいが軽なんです。ということは、その車のデザインによって街の景色も少なからず変わってくる。ハスラーは原色が売れてるんですけど、交差点でピンクのハスラーが止まっていて、向こうからはブルーのハスラーが走ってきて、なんかちょっと気分が楽しくなるようなね。これは軽自動車をデザインする醍醐味のひとつだと思います。

カーデザイナーを目指す方へメッセージをください。

新入社員にもよく言っていたんですが、自分のこだわり以上にもっと大事なことに気づきなさい、ということですね。自分がいくらいいデザインだと思っても、ダメと言われることはあるわけですよ。感性は人によって異なりますから、どんなに良いデザインでも現実的にはそう言われてしまうことはあるわけです。そこでしゅんとなっちゃダメ。なんでこの良さが分からないんだ、ってスネててもやる気が無くなってしまうだけでプラスなことが無いわけですよ。そのマインドは建設的じゃないし、自分の成長を止めてしまう恐れがある。それよりも、二の矢、三の矢を放てるかどうかです。それが自分のデザインの引き出しを増やすことになります。

あと、クルマ以外のデザイナーを目指している学生に知ってもらいたいのは、カーデザイナーと一言で言ってもインテリアやカラーなど色々なデザイナーが存在しているということ。クルマはとても多くのパーツで構成されていますから、デザインする対象はとても多い。プロダクトだけでなくロゴをデザインすることもあります。雑貨をデザインしたい、グラフィックをデザインしたい、椅子をデザインしたい、そういう学生はなかなかクルマに来ないんですが、実はクルマの世界に入ればそういうことがデザインできるわけです。クルマが大好きじゃないとなれない職業だと思ってハナから頭にないかもしれませんが、そんなことは全くないので、進路の選択肢の一つに入れてみるといいんじゃないでしょうか。

MORIYOSHI
HATTORI

INTERVIEW
07

富士重工業株式会社
デザイン部部長
石井 守

Fuji Heavy Industries Ltd. General Manager, design　MAMORU ISHII

石井守 = 1962年生まれ。千葉大学工学部工業意匠学科卒業後、1986年富士重工業入社。サンバーのエクステリアデザインやSVXのカラーデザイン、3代目レガシィのエクステリア、そして2代目インプレッサではチーフデザイナーとして活躍し、その間の91〜94年には米国LAデザインにて駐在も経験。先行開発やエクステリア全般の統括を経て2009年に副部長、2011年に担当部長。2013年4月からは、デザイン部長と商品開発企画部長を兼務している。

石井守の原体験

幼稚園の頃から、遊び道具は全部自分で造るような子どもでした。ゴジラやウルトラマンを粘土で自分なりに造って遊ぶんです。テレビを見ていて、あれが欲しいな、と思ったら造る。器用だったので、なんでも造れちゃうから余計に楽しかったんでしょうね。学校が遠かったので、外で遊ばずにすぐに家に帰ってきて、こたつの中で延々と粘土で造っていた記憶があります。あとは、虫にハマっていましたね。外で採ってきては上から見たり、前からみたり、裏から見たり。色んな角度からじっくり観察して、粘土で造っていました。

今、振り返ると、デザイナーに必要な観察眼や、立体把握能力は幼少の頃から培ってきたものなのかもしれません。

クルマ好きになったきっかけは、小学校時代のバス通学です。いつも食い入るようにクルマばかり見ていました。バスは視点が高いので、走っているクルマを見下ろすことができるんですよね。クルマの名前もほとんど言えましたよ。中学生になるとスーパーカーブームに火をつけたと言われる漫画「サーキットの狼」に夢中になります。クルマも大好きですし、漫画も大好きだったので、ドンピシャ。その当時は、漫画家にも強く憧れていました。

進学、そしてスバルとの出会い

その頃からモーターショーに行ったり、プラモデルを造ったりと、頭の中はいつもクルマの事でいっぱいでした。クルマのデザインに関わる仕事がしたい、と漠然と思うようになっていったのですが、その頃はカーデザイナーという職種があるとハッキリ分かっておらず、流体力学を学べばデザインの仕事もできるんだろうと思っていました。ですので、最初は大学も工学部を受験したんですが、そこではデザインを学ぶことができないと気づき、翌年に出身校の工業意匠学科を受験し直しました。どうすればカーデザイナーになれるのかという知識があまり無かったんでしょうね。美大に行こうとは思いつきもしませんでした。

初めてスバルを強く意識したのは、大学時代のバイトがきっかけです。ホンダとスバルの新車を船積みする仕事だったのですが、ピッタリと寄せて積み込まないといけないんですね。前も横もセンチ単位で駐車しないといけないんですが、暗いですし、同じ車種ばかりじゃないので結構難しい。それに、ホンダに比べてスバルのクルマはスイッチがどこにあるのかも分かりにくく、操作も独特でした。デザインも奇抜というか、他社と違うというか。

スバルは、もとを辿れば航空技術者たちが自動車開発に携わってきたという歴史があります。そういうエン

担当した「レックス」インテリア　3本スポークが認められた

ジニア集団が造ってきたクルマですから、機能性や合理性が優先されてきたんですね。その結果、他メーカーとは違うオリジナルなメカニズムを持っている反面、デザイン性は後回しになっていた。ですが、そんなクルマ造りに対する真面目さと不器用さに、どんどん惹かれていきました。

大学3年の春にホンダと関東自動車の実習に参加し、夏に富士重工を受けました。その頃、実習はやっていなくて面接だけ。自分の作品を持って行って、部長に見てもらうんです。面接では「クルマの作品無いの?」なんて聞かれ緊張しましたが、無事内定を頂けました。ちなみに、その当時は工業意匠学科にカーデザインの授業はありませんでしたから、全て独学です。まだバブルの頃だったので、デザイナー5名、モデラー2名と同期は多かったですね。

とにかく造れ。心が動けばこっちのもの。

入社して数ヶ月は工場実習。その後、2ヶ月程レックスという軽自動車のエクステリアを担当し、すぐにスーパーチャージャーが付いたレックスのスポーツモデルのインテリアチームに配属になりました。そこでステアリング(ハンドル)をデザインすることになったのですが、図面から何から自分で描かないといけない。スポークって分かりますか?ハンドルって輪っかになっているじゃないですか。その中心から放射状に伸びる部分がスポークです。今回は予算の関係で普通のモデルの共用だったのですが、私はどうしても3本スポークにしたかったんですね。

しかも溝やディンプル(くぼみ)も入れたかった。予算が決まっているので、追加の費用はかけられないのが普通なんです。ですが、当時の直属の上司がすごく任せてくれる方で、直訴したら「じゃあ造っちゃえば?」

2001年東京モーターショーで制作したコンセプトカー

って言ってくれたので、3本スポークにして本物の革を巻いてモデルを造っちゃったんです。もちろん、こっちのほうが良いという確信があったのでそうしたんですが、それを見たレックスの担当部長が一目惚れしちゃったんですね。「これがいい!」と言ってくれまして、採用されました。それが入社半年のこと。その時に、魅力的なものをデザインして、きちんといいものを造れたら人の心を動かせるんだなと確信しました。とにかく最高のものを造って提案する。今、現場にもそう伝えているんですが、それがデザインの"チカラ"だと思います。心が動けばこっちのものなんですから。

上司と2人きりで担当したサンバー

その次は、サンバーのエクステリアを担当しました。しかも、課長級の上司と2人きりです。大丈夫かな、と思っていたらその上司が病気で入院してしまったんですね。入社1年目で一人ぼっち。資料を入院先まで持っていって打ち合わせをしたりしてましたよ。モデラーの先輩にも助けていただきながらですが、何から何まで勉強になることばかりでした。それからSVXのカラーデザインや、レガシィのインテリアを担当しました。

そうそう、SVXはエクセーヌをクルマで一番はじめに採用したんですよ。エクセーヌとはスエード調の人造皮革のことです。SVXはジウジアーロ[1]が造ったモデルなんですが、イタルデザインから運ばれてきたモ

※1 ジウジアーロ = イタリアの工業デザイナーで、イタルデザインの設立者。数々のデザインプロジェクトを手がけ、1999年にはカー・デザイナー・オブ・ザ・センチュリー賞を受賞し、2002年にはアメリカ・ミシガン州ディアボーンの自動車殿堂(Automotive Hall of Fame)に列せられた。カーデザインアカデミー監修の栗原典善氏も、同氏のもとにかつて在籍していた。

デルは全部バックスキン※2が使われていた。でもバックスキンって1年くらいで劣化してダメになっちゃうんです。でも、どうしてもそれを忠実に再現したい、ということでエクセーヌを探してきたんですが、それも退色して色が変わってしまう。なんとか退色しても目立ちにくく気にならないカラーのものを試してインパネやドアトリム、シートに採用しました。内装だけじゃなくて外のカラーも担当していたので、1/5モデルを15種類くらい造って、全部違うカラーにしてアメリカでクリニック※3を実施したりもしましたよ。そこまでしたんですけど、趣味性が強かったのかな。あまり売れませんでした（笑）。

海外での経験とそこで得たもの

91〜94年はアメリカのスバル・リサーチ・アンド・デザインで過ごしました。英語が苦手だったんですけど、ショッピングできるくらいまでにはなっておかないと苦労するだろうなって思ってたので英会話学校に通いました。当時、現地では他メーカーの方も含めて日本人サークルができていました。そこには企業間の壁なんかありません。それまではずっと群馬でデザインしていましたから他メーカーのデザイナーと交流が少なかったんですね。色々と、スバルが遅れているんだな、ということも実感しました。トヨタの方が話している内容が分からないんです。デジタルのソフトってなに使ってる？と話をしてるんですがハテナ状態でした。あとは、プライベートで集まって「もしパナール※4が現代に復活したらどんなデザイン？」なんていうお題に対してスケッチしたものを持ち寄って品評会をしたりしていました。そのメンバーとはいまでも繋がっていますし、思い返しても楽しい想い出がたくさんあります。

アメリカは道が広い。フリーウェイなんか片側4、5車線あります。ですので、日本と比べるとクルマもシルエット全体が見えるんですね。それに対して日本は道が狭く、フロントとリアが目立つので、どうしてもシルエットよりもディティールの造形に凝ってしまう。アメリカという土地で過ごしたことで、デザインの背景や、そのデザインが持つ意味も強く意識するようになりました。

スバルのデザインは誰が決める？

アメリカで3代目レガシィをデザインしてましたので、日本に戻ってきてそれを量産まで担当しました。当時、セダンがあまり売れなかったんですね。月間1000台以下レベル。なので、その時の担当部長に「思い切って石井の好きにしてみろ」って言われたんです。初代B4はそれで生まれました。ちょうどトヨタ・アルテッツァが出た時期でしたので、雑誌でもアルテッツァ対レガシィB4ターボの特集がたくさん組まれてバカ売れしちゃったんですね。月間2000台以上。

> 全部任せちゃう担当部長も凄いですが、石井さんも確実にチャンスをものにしますね。
> 石井さん自身は、部下に対してはどのように接しているんですか？

入社して最近まで、スバルのデザインは誰がどう決めているのか分かりませんでした。決定に責任を持つと

※2 バックスキン ＝ 本来はオシカ皮の表面をサンドペーパーでこすって起毛させたもの。現在では、ヤギ、ヒツジの皮などの加工品もバックスキンと呼ぶ。手ざわりがよく、しなやかで丈夫。

※3 クリニック ＝ おもに自動車業界で、発表前や開発中のクルマを展示して印象調査を行うこと。

※4 パナール ＝ フランスの軍用車両メーカー。世界的には、19世紀末期から自動車生産を始めた世界有数の老舗自動車メーカーとして知られている。第二次世界大戦後は高級車業界を撤退して小型車分野に転進、先進的な前輪駆動の小型乗用車の生産に専念した。しかし、あまりに独創的な設計思想と小さな生産規模が災いし、経営不振から1955年以降シトロエンの系列下に入ることになる。1965年にはシトロエンに吸収合併され、パナール・ブランドの乗用車生産は1967年で終了した。

MAMORU
ISHII

いう意味では確かにデザイン部長が決めるんですが、デザインに対する高い視点、広い視野を持つ人が、良しとするものが良いものなんだとずっと思ってきた。ですが、2006年に現在顧問の森郁夫さんが社長に就任してから、スバルは会社としてお客様視点を重要視するようになりました。それまではプロダクトアウトの製品が多かったんですが、これからはお客様視点のものづくりで、ハードではなく価値を提供していこう、と宣言したんです。

今ではそれがスバルデザインの考え方のベースになっています。お客様が安心して愉しめる一番のクルマがスバルであって欲しいなと思っているので、ジャッジの根本はすべてお客様なんです。そうなると、将来のお客様がどういう方で、どういうライフスタイルで、ということを全て考えないといけない。デザイナーとしては新入社員も部長も関係ないと思っているので、将来のお客様に対しての一番良い答えを皆で模索していくというスタンスを大事にしています。

スバルデザインに込められた3つの意味

これはデザイナーだけでなくて、モデラーや、データを造るメンバーも含め、全員に言っていることなのですが、全てのデザインに「機能の意味」、「形の意味」、そして「スバルらしさを持たせたい」と考えています。スバルは歴史から見ても航空機を造ってきた会社です。飛行機はバランスを崩すと飛びません。緻密な検証やデータなどの合理性を重んじてきましたし、AWDや水平対向エンジンといったスバルならではの機能に魅力を感じるお客様も多い。そのアイデンティティをデザインにもしっかりと反映させた、我々にしか出来ないデザインを生み出すことにチャレンジしていきたいと思います。

カーデザイナーを目指す学生へ

クルマは人間に近い、一番大きなプロダクトなんですよね。大学の時にもよく言われたんですが、人間に近いものほど形って変わらない。お箸とか、お茶碗、コップだとか、昔から変化していませんよね。クルマもそうなりつつあると思うんですが、まだまだやれることはたくさんある。クルマって技術革新でガラっと形が変わったりするんですよ。ハイブリッドやEVになると、重いものを積む場所が変わり、それに伴ってデザインも変化する。だから、難しいんだけど、面白い。

あと、クルマにはすごいたくさんの人が関わっていて、その人達がものすごい数の知恵を出し合いながら造っている。モデラーもいるし、エンジニアもいる。スバルを例にあげると、デザイン部の役割は、分業で構築されているスバル独自の設計思想や要件を、まとめてデザインするという事。お客様視点とスバルらしさを融合させながら、将来に向けてお客様が一番愛着が持てる、使いやすいデザインを構築する余地はまだまだ残っているし、それを、鮮度高くデザインするのが我々の使命だと考えています。

カーデザイナーという仕事は、その分大変なんですが、影響範囲も大きいので愉しいと思います。ぜひとも若い人にチャレンジして欲しいですね。

MAMORU
ISHII

KOUSUKE
MATSUYAMA

INTERVEW
08

日野自動車工業株式会社
デザイン部 部長
松山 耕輔

Hino Motors, Ltd. General Manager　KOUSUKE MATSUYAMA

KOUSUKE MATSUYAMA

松山耕輔 ＝ 1959年生まれ。神奈川県横浜市にて幼少期を過ごす。75年、県立神奈川工業高校の産業デザイン科プロダクトデザインコースに進学。78年、日野自動車工業株式会社（現在の日野自動車株式会社）にモデラーとして就職。自身が20歳のとき、職種転換試験を受けデザイナーに。ハイラックスサーフ（トヨタ）などのデザインを担当する。1989年、田町に日野自動車の東京スタジオが立ち上がるのをきっかけにアドバンスチームへ異動。その後、社長直轄のビッグバンプロジェクトで総合企画を経験した後、デザイン室に室長として戻る。2011年、デザイン部部長に昇格し、現在に至る。

スーパーカーブームを横目に実用車やトラックに興味を持つ

子供の頃から絵やクルマはとても身近な存在でした。というのも父が自動車に文字を書く看板屋をやっていたんです。東京トヨペットの各営業所で受注した様々な会社の営業車やタクシーなどにレタリングする仕事で、たまに職場に連れて行ったもらったときに見るカラフルな新車が好きでした。高校生の頃はアルバイトで手伝ったりしていましたよ。

父は小さいころ絵描きになりたかった延長線で看板屋になったんですね。ですから休日にスケッチ散歩のお供をしたり、上野の美術館などに連れて行ってもらっていました。高校は県立の工業高校に進みました。産業デザイン科のプロダクトデザインコースで将来はクルマのデザイン関係に進みたいなと思っていました。ただ当時の自分の感覚では「カーデザイナー」というのは漠然とした存在で、まずはカーデザインに係わる仕事に就きたいというような意識だったように思います。

巷はスーパーカーブームでしたが、カーグラ[1]に傾倒していた私はちょっと冷めた目線でそれらを見ていて、ルノー16やシトロエン2CV、GSなど、実用的なフランスの小型車たちが好きでした。当時、カーデザインに関する情報源はカーグラの児玉さんの記事やカースタイリングで、月々の小遣いをコツコツ貯めて買っていましたよ。スタイリッシュでスポーティなクルマよりも、日常生活に根ざした実用車を志向していた時に出会ったのが1977年、カースタのラリー・シノダ[2]特集です。
「WHITE」というアメリカのトラックメーカーのマイナーチェンジをしたスケッチが載っていました。古びた骨格に新たな命が吹き込まれるような生産財のマイナーチェンジのスケッチがとても魅力的に感じられ、こんなカーデザインの分野があるのかと、そのすばらしさに感激しました。後日談ですが1993年にラリー・シノダ氏が日野の東京スタジオにいらっしゃったことがあります。真面目で実直な印象の方でした。カースタイリングの記事がきっかけでこの道に来ました、と告げると大変喜んでおられました。そのときに頂いた名刺は家宝にしています。

日野自動車へ、モデラーからのスタート

そういうこともあり就職志望を日野自動車、いすゞ、ヤンマー、クボタに絞りましたが、縁あって高校の先生から日野を推薦していただき、モデラーとして入社することができました。しかし入社したものの、新人オリエンテーションを終えた翌週から、日野市よりもさらに山奥の羽村工場で夜勤という社会人スタート。

---

[1] カーグラ ＝ 1962年4月に創刊された自動車雑誌カーグラフィックの略。
[2] ラリー・シノダ ＝ シボレー・コルベットやフォード・マスタングといった作品で知られるアメリカ合衆国のカーデザイナー。(1930年3月25日-1997年11月13日)

1年間という期限付きで、日々、ハイラックスというピックアップトラックを昼夜2交代勤務で作っていました。その間モデラーらしい仕事はなく、とにかく工場で一生懸命車を作っていました。会社に入ってデザイン的なことをしたのは、羽村工場の寮で文化祭みたいなイベントがあり、その中のイラストコンテストという企画が最初です。今考えると目立ちたかったのかなと思いますが、羽村工場ではFFターセルも生産していたので、そのプラットフォームを使ったミニバンのレンダリングを出しました。ちなみに金賞を取りましたよ。

1年という期限が近づき、ようやくモデラーの仕事ができると思っていた矢先、2ヶ月の期間延長。その延長を終えようとしている時、さらに別工場で再延長という話がきて、さすがに人事がおかしいだろうと。そう思って昼休みに人事部に突撃して直訴しました。

19歳の若造が色々すっ飛ばして直接人事に怒鳴り込みですからね。「人事がおかしい、間違ってる」と。そうしたら「必ず期限を切りますから」となだめられて2ヶ月後にデザイン部に戻りました。モデラーですから最初は自分の道具を自分で作るところからスタートです。スクレイパーやスリック（へら）を作りました。当時大変だなと思ったのはクレイの粗盛り[※3]で、熱いクレイを指や手のひらをガンガン使ってクレイバックになすり付けるように盛っていくので皮はむけるし、マメはできるし、不慣れな私にはキツかったです。

今は仕事が細分化されていますが、そのころはクレイも木型もFRPも、そして測定や自動製図など、みんなやらせてもらえました。塗装は天気によってスプーンから垂れる塗料の速度で濃度を調整したり。アナログですよね。

デザイナーに転向することになるきっかけは？

モデラーとして仕事を習得していく中で、デザイン開発の仕事の雰囲気や流れが見え始めたあたりですかね。最初はあまり意識していませんでしたが、デザイナーの仕事に興味を持ち始めました。ただ私自身、デザイナーになりたい！と常に強く思っていたわけでなく、モデラーの仕事に不満があったわけでもないんです。デザインしている現場に参加している、クルマ作りに携われることに喜びを感じていました。ですが、デザインの仕事には興味があったので、先ほどの寮祭のイラストコンテストと同じで目立ちたかったのかなと思うのですが、自分なりにこだわった写真などを使った年賀状を上司に出していたら、あるときスケッチを描いてみろと言われて。お試し期間みたいな感じでデザイン室に仮配属になり、アイデアスケッチに参加するようになりました。

人生何がどう転ぶかなんて分からないですよね。モデラーの大先輩、通称「おじいちゃん」と呼ばれた上司にも「お前はデザイナーの方がいいんじゃないか」と言われて職種転換試験を受けることになり、デザイナーになりました。ただ、薦められたきっかけはデザイナー的センスじゃなくて、私は左利きなので刃物や木工機械などの扱いが危なっかしくて見てられなかったからみたいです。

デザイナーになってからはハイラックスやハイラックスサーフ、アメリカ向けT100というピックアップなど、インテリアをメインにトヨタの仕事を担当していました。コンスタントにプロジェクトはありましたが、日野は商業車を扱っていることもあり開発タームが長いため、忙しいトヨタで経験を積んでこいと引っ張ってもらい、その後トヨタデザイン部へ出向することになりました。

※3 粗盛り＝クレイモデルを作る際の第一ステップとして、おおまかに車の形にクレイを盛ること。インダストリアルクレイは温度が高く、初心者は手の皮がむけてしまう。

KOUSUKE
MATSUYAMA

カースタイリング「ラリー・シノダ」特集

トヨタでまず感じたことは、チームで仕事をしていて、役割分担が明確だということ。恥ずかしい話ですが、メンバーに女性がいることもあってとても和気あいあいとした雰囲気があるなとも感じました。日野には女性デザイナーがいなかったのでたったそれだけでうれしかったです。着任早々、昼にみんなでクルマに分乗して、レストランのウェルカムランチで迎えていただいたこともまさにカルチャーショックでした。

自社のトラックを語れないことにショック

当時、目黒にバンビーニというイタリアンレストランでクルマ好きの人が集まっていて、いろいろな会社の人と交流する場があったんですが自分の話が語れなかったんです。「日野自動車なんですか！トラック大好きなんですよ！」なんて話しかけて頂けるんですが、なんせ私自身はトヨタの仕事しかしたことがないのでトラックやバスのことが語れないんですよ。これじゃいかんと。

ちょうどその頃、田町にサテライトスタジオができるという話が出ていたので手を挙げて、トヨタから帰任してそのまま田町のアドバンススタジオへ行きました。「成果を気にせず何でもいいからやってみろ」と、今の自分ではとても言えないようなことを当時のデザイン部長から言われ、手探りでいろいろなことをやらせてもらいました。

たとえば車両デザインに入る前のステージ、基礎研究のようなことにいろいろと取り組みました。たとえば大型トラックは仕事空間であると共にドライバーの生活の場でもあるので、休息空間のありたい姿や様々な建築や輸送機器のパーソナルスペースの研究は重要になります。また、ガテン系の職業の方々に突撃インタビューして「働きがいがある瞬間はどのような時か」などをヒアリングし、そういったことをTOKYO MESSAGEという冊子をつくり、役員や社内企画部署に配布していました。

都内のスタジオですから、ちょっと出かけるにはとてもアクセスがいいので、いろいろなイベントにも顔を出しました。日野市の本社では得ることのできない他分野の人とのつながりがあり、その出会いを広げるために田町のスタジオを使ってマンスリーレクチャーというイベントを企画しました。毎月、様々な分野の方々をお招きしてお話いただき、そのあとは簡単なパーティー。段取りは大変でしたが、今思えばとても貴重な体験だったと思います。

日野自動車デザイン部の伝統でもあるトラック同乗調査もいろいろ出かけました。北関東から熊本の八女市まで乗せていただいたとき、当時出始めていた自動車電話がかかって来て「ひとりになれると思ってこの仕事を選んだのに、ウチのやつから電話がかかってくんだからたまんねえよな」とドライバーの方がおっしゃっていた。今は携帯電話があるので当たり前の風景ですが、こうした新しいデバイスが運転環境やドライバーの意識を変えることを肌で感じました。

仕事中、何時間も手袋をして運転していた人がすべての荷を降ろし、運送会社へ戻るときには手袋をはずしている。そうした動作にも気持ちの切り替えがあることや、東京から広島の三次市までトイレ休憩なしのノンストップで走るドライバーなど、驚かされっぱなしでしたね。

奈良の橿原市から十津川村を経由して和歌山の熊野までの日本最長路線バスの調査もおもしろかったですね。熊野の山の中を通学で使っている小学生がいて、その子とドライバーとのやりとりはまるで親戚のおじさんのよう。あったかい気持ちになりました。

2014 全国トラックステーション調査
デザイナー自身による突撃ドライバーインタビュー

■鳥栖T/S
岩手〜熊本を配送
1日 約1000km
DVD・オーディオ・NAVI
タブレットは必需品
本当は日野に乗りたい。

山積みに見えるけれど目的別に整頓されている。

かつての上司がまとめていた1970年代の調査レポート

かつての上司がまとめていた1970年代の調査レポート

90年代の調査レポート

90年代の調査レポート

こんなふうに自分たちがデザインした製品が社会で使われていることを見て、この仕事の奥深さを感じ、デザインという仕事はおもしろいなあと改めて感じていた時期でしたね。（前ページ写真）

90年代の中ごろだったように思いますが、ユニバーサルデザイン※4の考え方が家電業界を中心に急速に広がりを見せた時期がありました。ちょうどそのころ私はNPOのE＆Cプロジェクトに参加し、高齢者・障がい者の移動環境を改善提案する活動で、週末の時間などを使い様々な調査など行っていました。

こんなことができたのも、人と人のつながりから。様々な場所で知り合いになって話していくうちに「共用品※5」いう考え方を知り、お互いの業務を超えて仕事とは違ったアプローチで一つの物を作り上げていくという喜びを経験できました。現在東京都のノンステップバス基準につながった当時の社内UDガイドラインには、この時の知見が活かされています。こうした仕事へのつながり方はイレギュラーだと思いますが「成果を気にせず気づいたことをやれ」と言ってくれた上司のおかげだと思っています。
（上写真：社外活動の成果）

30代を田町で過ごしたあと、99年に本社に戻りました。しばらく先行企画を担当していましたが、「ビッグバンプロジェクト」という社内組織を横断した活動がはじまりました。これはトラックの作り方を根本的に変えようという社長直轄プロジェクトだったんですが、私も参画するためにデザイン部を離れ、総合企画部へ異動しました。いわゆるモジュール設計への転換期だったんですが、門外漢ながら事務局を担当し、設計

※4 ユニバーサルデザイン ＝ 文化・言語・国籍の違い、老若男女といった差異、障害・能力の如何を問わずに利用することができる施設・製品・情報の設計（デザイン）を指す。
※5 共用品 ＝ 何らかの障害や生活上の不自由さがある人もない人も共に利用しやすくなっている製品のこと。

小集団活動

プラ段とペットボトルと輪ゴムで作ったアイデア競技大会

や製造のメンバーを集めて進めたプロジェクトに、やりがいを感じつつも…相当痩せました。

この時、デザイン部を外から見ることができたことも貴重な経験だったと思います。これを終えて再びデザイン部に戻ることになりました。

デザイナーは外に出て知見を広めて欲しい

部下にはよく言っているんですが、上司を気持ちよく騙してどんどん好きなことをやって欲しいんです。もちろん大義を作ってね。理由をちゃんと作って「これがやりたいです」というとやらせてくれる会社だと思いますよ。そのためには人と会うことや、いろいろなことを見る事はとても大事なんですが、外へ出ろと言っても、なかなかみんな忙しくて出ないんですよね。

私は先ほどお話しした社外の人たちとの活動から、ニューヨークでユニバーサルデザイン国際会議があることを知り、手を上げて行かせてもらったこともあります。だからこそ、部下がやりたいと言ったことはできるだけ叶えたい。逆に待っているだけの人には行かせたくないですね（笑）。

日野のデザイン部では業務とあまり関係のない課題に取り組んだりもしています。プラスチック段ボールを使って、どれだけ高く組み立てられるとか、ゴム動力でどこまで荷物が運べるかなど、少人数のグループごとに競ったりする活動です。この取り組みは、あえて業務とは関係のない遊びのような要素をいれてスタートさせました。そうすることで変なアイデアがいっぱい出るんですよ。（上写真：小集団活動）

KOUSUKE
MATSUYAMA

KOUSUKE
MATSUYAMA

今はちょっと趣向を変えて、会社に提案できるような課題、たとえば、将来、本社日野工場が茨城の古河市へ移転するので日野工場の跡地利用をデザイナー目線で考えるというようなこともやっています。そんなきっかけがあると、どんどんアイデアが膨らんで自分達から進んで外へ出ていくんですよね。

海外での取り組みも教えて下さい。

2015年1月にインドネシアで新型のトラックが立ち上がりました。現地生産で新型車を立ち上げるのは日野として初めてだったので、それなりに大変なプロジェクトでしたが、この車両は、まさに自分がこの仕事に就くきっかけとなったWHITE社のデザインと同様に、「既存のキャビン骨格を使って新ジャンルを形成する」という使命を持った企画でした。新興国をメイン市場に新しいHINOのブランドイメージを作り上げていくトラックです。これから売れていくことを祈っています。
（左ページ写真　働く人の心を高揚させるデザイン）

「働く車」日野の目指すデザイン

社会で暮らす一人ひとりの「当たり前の生活」を支える物流や公共交通。いわゆる「働く車」ですよね。その存在を意識することはあまりないと思います。ふだんは当たり前のように自由に選べるコンビニの商品も、大雪や台風など自然災害などで物流が滞れば、棚がガラ空きとなって初めて「当たり前の生活を支えるしくみ」があることを認識するのではないでしょうか。

その当たり前を支えるしくみは「システム」ではありますが、機械・機器が支えているのではなく「人」が支えています。大切な人や荷物を決められた場所、時間通りに届ける。とても大変なことです。自分が社会を縁の下で支えているという運転者、働く人の「プライド」。日野デザインが掲げている「運転する人・働く人の気持ちを支え、高揚させるデザイン」には、こうした想いが込められています。生産財をつくっているのではありません。それだと単にツールになってしまう。働く人が使うものだからこそ、ドアを開けるときに「あぁ、今日も頑張ろう」とフッとわきあがるようなクルマを届けていきたいと思っています。

デザイナーを目指す若者へアドバイスをください

人や色々なことに興味を持って欲しい。採用する側として考えるのは、発想の豊かさが必要だということです。クルマだけでは偏りがあります。中途半端にクルマ好きなだけだと豊かな発想は出来ませんからね。あと、スケッチはきちんと練習すれば、必ずあるレベルまでは到達できます。自分が携わったクルマがラインに並んでいるのを見ることはなんとも言えない喜びがありますよ。頑張ってください。

TORU KIMURA

INTERVEW
09

川崎重工業株式会社
チーフ・リエゾン・オフィサー
木村 徹

Kawasaki Heavy Industries, Ltd. Chief Liaison Officer　TORU KIMURA

TORU
KIMURA

木村徹（きむらとおる）＝ 1951年、奈良県生まれ。武蔵野美術大学を卒業し、1973年トヨタ自動車工業株式会社に入社。米 CALTY DESIGN RESEARCH,INC.[※1] に3年間出向の後、トヨタ自動車株式会社の外形デザイン室に所属。ハリアーなどの制作チームに参加し、アルテッツァ、IS2000などでは、グッドデザイン賞、ゴールドマーカー賞、日本カーオブザイヤーなど、受賞多数。愛知万博のトヨタパビリオンで公開された i-unit[※2] のデザインもチームでまとめた。同社デザイン部長を経て、2005年4月から国立大学法人名古屋工業大学大学院教授として、インダストリアルデザイン、デザインマネージメントなどの教鞭をとった。2012年4月から川崎重工業株式会社モーターサイクル＆エンジンカンパニーのチーフ・リエゾン・オフィサーを務める。その他、グッドデザイン賞審査員、（社）自動車技術会デザイン部門委員会委員（自動車技術会フェローエンジニア）、日本デザイン学会評議員、日本自動車殿堂審査員（特定非営利活動法人）、愛知県能力開発審議委員会委員長、中部経済産業局技術審査委員会委員長、豊田市景観基本計画策定有識者会議委員、有限会社木村デザイン研究所デザイナー　など過去、現職を含め公職多数。

どこにでもいる普通の男の子

奈良県で生まれたのですが、当時は道もしっかりと舗装されていなくて、ボンネットバスが砂煙を上げて走っているような時代でした。そんな中、ごくたまに都会の匂いのするかっこいいクルマが走っていたりするんですよね。僕が小学校の低学年くらいの頃でしょうか。とてもかっこよくてね。みんなの注目の的ですよ。その頃は、ほとんどの男の子がクルマに興味を持っていたのではないでしょうか。

家が酒屋を営んでいたので、配達に使うミゼット[※3]とスズライト[※4]があり、よく乗っけてもらっていました。クルマはとても身近な存在でしたが、その頃はまだデザイナーになりたいと考えたことすらありませんでしたね。

本当に普通の子どもでしたよ。お絵かき大会で賞を頂いたこともありますが、毎日絵を描いていたというわけではありませんし。木をナイフで削っては、いろんなオモチャを自分で作っていました。いまの時代は危なくて子どもに刃物を持たせることはあまり無いかもしれませんが、昔の子どもは皆そうやっていました。間違って足を切って血がドバドバ出たりもしましたが（笑）。

カーデザイナーを志したのは真剣に進路を考えるようになってからですね。高校2年生のときにはじめてカーデザイナーになろうと決意したように思います。美大に行かないとカーデザイナーにはなれないよ、と美術の先生に教えてもらったんですかね。それで、美大を目指すことが決まり、美術部に入りました。美大には実技試験があるので、石膏デッサン、静物画の鉛筆デッサンなどを練習したり。

※1 米 CALTY DESIGN RESEARCH, INC. ＝ 1973年にトヨタ自動車がアメリカ合衆国に設立したデザインスタジオ。ニューポートビーチとアナーバーに拠点を置いている。エクステリアデザインを主な業務として行っている。

※2 i-unit ＝ 2005年愛知万博にてトヨタ自動車が出展した、未来型パーソナルモビリティ。2003年東京モーターショーに出したコンセプトカー「PM」をさらに発展させたものと言われ、愛知万博における展示品のシンボルとしてメディアで多く取り上げられた。

※3 ダイハツ・ミゼット ＝ ダイハツ工業がかつて生産していた三輪自動車。Midget は「超小型のもの」という意味の英単語で、小型、ちびな車ということで名付けられた。

※4 スズキ・スズライト ＝ 鈴木自動車工業（現・スズキ）が開発し1955年に発売した軽自動車。同社が初めて生産した市販型4輪自動車としても知られる。2008年に「その後の軽自動車のあり方を示唆、歴史に残る名車」と評され日本自動車殿堂歴史車に選出された。

そうやって入学し、工業デザインを学びました。とは言っても実際にカーデザインを本格的に学べるわけではありません。卒業制作でキャンピングカーを作りましたが、基本的にはプロダクトデザインを学びます。デッサンからスタートし、3年生の頃には椅子を作ったりもしました。

当時はプロダクトデザイン事務所でバイトもしていました。バイトなのでお金を稼ぐという意味ももちろんありますが、それよりも自分の身になるような仕事がしたいという気持ちのほうが大きいですよね。

肝心の就職活動ですが、大学の就職課に「トヨタから募集が来たら僕に連絡ください」と言いに行きました。誰かが先に応募して、うちの大学からの枠が無くなっちゃうといけないので、先取りするためです。そのおかげもあり、ちゃんと僕に案内がきたので、教授に推薦状を書いてもらって、実習に行きました。

2学年上の先輩に、うちの大学からトヨタに初めて入った先輩がいて、その方から色々と情報を得ていたんですね。実習は、テーマを与えられて、コンセプトを立てて、スケッチしてレンダリング。プレゼンボードを作って、プレゼンして終わりです。泊まり込みで1週間くらいだったかな。実習の仕組み自体、今とあまり変わらないと思います。若いので、毎日大騒ぎでしたね。お昼は社員食堂で頂くのですが、社員の方から苦情がきていましたから。

実習が終わり、その後、試験を受けに来るよう通知があり、学科試験と面接を受け内定を頂きました。その頃は、どんどんデザイナーを増やそうという時期で、10〜20名程度が実習に参加していたのですが、そのうちの8名ほどが入社しました。

ディーラーでの経験、そしてオイルショック

入社してからは、まずは工場で実習をして、その後、夏の暑い時にディーラー実習です。地域のディーラーに配属されて毎日飛び込み営業。大半は話なんか聞いてくれませんよね。ですが、毎日飛び込み営業をしていると、「クルマを買うときは君から買いたい」と言ってくれる方が出てきたりするんですよね。大阪の阿倍野という地域をまわっていたのですが、最終的に1ヶ月で3台売りました。

営業所に電話がかかってくるんですよ。そうすると、先輩の営業マンと一緒に行って契約する。工場勤務やディーラーで働くなんて、もちろんはじめての経験でしたからとてもためになりました。

入社してからようやく半年後にデザイン部に配属されます。最初にしたのは、助手のような仕事です。図面を描いている先輩に、鉛筆を研いでサッと渡したり。手術で執刀医にメスを渡したり汗を拭いたりする人がいるでしょ。まさにあのような感じですよ。

そうこうしているうちに、オイルショック[※5]が起きました。石油の値段が跳ね上がって、世界中パニックになりました。

もちろんプロジェクトは止められますので、やることは何もありません。「車なんか売れなくなるのにお前は何をしに来たんだ！」と訳のわからないことを言われたこともありました。入社してすぐに車を買ったんです

※5 オイルショック ＝ 1970年代に2度あった原油価格高騰による経済混乱を指す。石油危機、石油ショックとも言われる。

フロントの傾斜は 28 度

初めてカースタイリングに掲載されたレンダリング

が、オイルショックで日曜日はガソリンスタンドもお休み。カーデザインをするためにトヨタに入ったのに、プロジェクトも止められるわ、クルマにすら乗れないわで、今思うと散々でしたね。

与えられたパッケージは守るものではなく、理想のイメージに向けて外すもの

はじめての仕事はマークⅡセダンのリアコンビランプです。モデルチェンジをするということで、一番後ろの面を担当しました。何も分からなかったのでとても苦労しました。後ろのマークも描いたのですが、何回も描き直しをさせられるんです。途方に暮れますよ。全く終わりが見えないのは辛いものです。ですが、そうやってプロのレベルを体で覚えていくんですね。自分で描いたものなので、良いと思って上司に持っていくんですが、厳しくフィードバックされる。「確かにこれって汚いな」という気付きから段々と「このレベルだっ

たらまた描き直しだな」「このレベルまでもっていかないと終わらないぞ」と学習していくんです。

その次がカローラ・スプリンターのハードトップですね。最初の案はまぁひどい出来だった。モデラーさんがフルサイズ作ってくれたんですが、いろんなデザイナーが通りがかるたびに「こりゃ酷いな」とか「なんだこれ」と聞こえるんですよ。本当に恥ずかしくて、人が通るたびに陰に隠れていました。

この時に、「与えられたパッケージは守るものではなく、理想のイメージに向けて外すもの」ということを学んだように思います。これで吹っ切れて思いっきりいい加減な絵（前ページ上写真）を描いて、それがきっかけで「美しくなければクルマではない」というCMで有名な2ドアのハードトップが生まれました。

1985年からの3年間はカリフォルニアにあるCALTYに在籍していました。向こうでの役割は、日本との橋渡し。日本とは異なる部分も多く、勉強になりました。特に海外は"職域"があります。人の仕事と自分の仕事は明確に線引きしないといけない。勝手にやってしまうと相手を怒らせてしまいます。

もちろん現地のデザイナーと一緒にコンペもします。アメリカ人とやりあってね、どちらも一歩も引きませんから大変です。ただ、ちゃんとコンペで勝つことができたので、その部分では「向こうでもやれるぞ」と、とても自信になりました。

日本にいても、アメリカで作られたレポートを読んで、理解するフリはできます。ですが、一度向こうで実際に生活をしてみて、文化的なことや考え方に触れた上で、深いところから理解するのとは質が違います。そういったことも含めて、向こうでの3年間は非常に有意義な経験となりました。

日本に帰国してすぐ、チーフエンジニアに挨拶に伺ったんです。その時に、「お前は今何をしてるんだ？」と聞かれました。「これから1週間は帰国休暇中です」と答えると、「そんなもん取ってないですぐに絵を描いてくれ」と言われ、そこでカリーナED[※6]のプロジェクトに入ることになりました。1週間で絵を描き、2週間で1/5モデルを作り、評価委員会で2台のうちの1台に生き残りフルサイズを作って生き残ったという代物でした。

今でも忘れられないのがトヨタ店のセールスマンの声です。「ようやく俺たちの乗る車ができた」と。デザイナー冥利に尽きます。

その後、テクノアートリサーチ[※7]に出向もしましたし、帰ってきてからはIS300やハリアーなどを始め、LEXUSのブランド戦略を任されました。

2003年のモーターショーではトヨタ・PMを、2005年の愛知万博では、i-unitのデザインをチームでまとめたり。

その後、名古屋工業大学の大学院で教授として迎え入れて頂きました。名工大では、研究室でパーソナルモビリティーXFV[※8]をデザインしましたね。モビリティは、停車している時間も多いですよね。じゃあ、停

※6 カリーナED ＝ トヨタ自動車が1985年から1998年まで生産していた乗用車。ハイソカーブームの火付け役と言われ、エレガントなデザインとピラーレスハードトップがクルマ好きに衝撃を与えた。当時、記録的なセールスで「トヨタの傑作」とも称された。EDはExciting Dressyを略したもので、直訳すると「刺激的で洒落ている」の意味。

※7 テクノアートリサーチ ＝ トヨタデザイングループの一員として自動車、船舶、機器等をデザインしている企業。一般企業に対しても商品企画開発からデザイン開発、モデル製作などを行っている。

※8 パーソナルモビリティーXFV ＝ 名古屋工業大学木村徹研究室から発表されたパーソナルモビリティー。2010年のグッドデザイン・フロンティアデザイン賞を受賞。

TORU KIMURA

まっている時と動いている時の違いってなんだろう?というところからスタートしました。車幅と車長が変化し、若者からハンディーキャップを持つ高齢者まで、ドアツードアで安全に移動が楽しめる仕掛けをしています。

良いデザインをするために大事なことは?

人間の感覚は接する物や時間によって変化します。「驚いて、慣れて、飽きる」。これは、人が生きるための本能で、止めることはできません。そして感じ方、変化のスピードも人によって異なります。外的要因によって変わることもあります。どこにポイントを絞ってデザインするかはそのプロジェクトやターゲットとするユーザーによって異なり、ケースバイケースでさまざまな答えを要求されます。

人に感動を与え、人間が自然の一部である以上、その創作物も自然の一部に成り得ていることが重要です。「人為的」といわれるのは「不自然な」と言われたのと同意語で、どんな空間を創造する時も常に意識しなければいけません。また、意識しなくても出来るようにならなければいけません。その上に、己のオリジナリティーが表現出来た時、初めてよいデザインが出来たと言えるのではないでしょうか。

カーデザイナーを志す人へアドバイスをください。

子どもたちがカーデザイナーになろうと思ってもどうやっていいか分からない。一般の方から見ると、昔から変わらず、分かりにくい世界です。ですが、乗り物のデザインに関わってきた者として、クルマのデザインってこんなに面白いんだよ、ということを若者に伝えたい。

入社1年目で担当したマークⅡセダンですが、町中でみかけると、どこまでもついていきました。どんな人が乗っているのか見たいんですよ。リアコンビランプしかデザインしていないんですが、自分が関わったクルマなので、嬉しくて仕方が無いんですね。

人生は長くても100年しかありません。迷っている暇があるなら行動に移した方が良いに決まっています。

僕の場合は、勉強が嫌いでも必死になって絵を描いてきたからこそ、自分の軸ができていきました。幹のようなものです。そこから興味を持って何にでも頭を突っ込んできたから枝葉が広がっていきました。人に誇れるようなもの。何でもいいと思います。自分の幹となるものをまずは創りあげることを意識すると良いのではないでしょうか。

INTERVEW
10

ダイハツ工業株式会社
デザインディレクター
石崎 弘文

Daihatsu Motor Co., Ltd. Design Director　HIROHUMI ISHIZAKI

BERLINA 1000

コンパーノ・ベルリーナ

石崎 弘文＝1952年、愛媛県松山市に誕生。有数の進学校として名高い愛光学園で中高を過ごす。その後、トヨタ自動車の八重樫デザイナーのアドバイスにより、千葉大学工学部工業意匠学科に進学。1975年、本田技術研究所に入社し、2代目シビックやクイントなどのプロジェクトを担当。その後の81年、ダイハツ工業に転職。多くのダイハツ車のデザインを手がけ、デザイン部長を長く務めた。現在は海外本部のデザイン担当理事を務める傍ら、神戸芸術工科大学でカーデザインを教えている。

きっかけは父の愛車

きっかけは、父の愛車だったコンパーノ・ベルリーナ[※1]です。まだ車がそんなに普及していない時代でしたが、近所にはファミリアやパブリカが停まっていたんですね。コンパーノ・ベルリーナのグリルはピカピカの金属で上下に美しく組まれているのに対し、他のクルマは一枚板を貼っつけただけのようなデザインでした。それを見比べてみて、「なんでうちのクルマはこんなに綺麗なんだろう」と思ったんですね。

小学校低学年の時点で、すでにデザインの良し悪しを自分で判断していました。今でも強く印象に残ってます。その後、第二回日本グランプリにASTON MARTINのDB4GTザガートが出たのを見て、衝撃を受け、第三回にダイハツが活躍して更に衝撃を受けて。これはレーシングカーの設計者になるしかないと思いました。当時はカーデザイナーという仕事自体知りませんでしたから。

その後、ある雑誌を読み、初めてカーデザイナーという仕事を知ります。記事にトヨタの八重樫さんというデザイナーが出ていたんですね。これだ、と思ったんですがなんせ四国の松山なので情報は殆ど無い。どうしようかと考えた結果、その雑誌社に電話をしたんです。八重樫さんの連絡先を教えてくれと。

電話をしたらトヨタの住所を教えてくれたので、「カーデザイナーになりたいんですがどうしたらいいでしょ

※1 コンパーノ・ベルリーナ＝ダイハツ初の乗用車。イタリアの「ヴィニャーレ」のデザインで、元々は「バン」としてデザインされたものをダイハツがベルリーナ（イタリア語でセダンのこと）に手直しをした。

う？」と相談の手紙を出したんです。しばらくして八重樫さんから返事が来ました。封をあけてみると、カーデザイナーになるんだったら、と10校くらいですかね。学校の名前が書かれてました。そして一番最後に「ちなみに私は千葉大学です」と。これは千葉大学にいくしかないな、と思って決めたんです。

私は地元の愛光学園という中高一貫の学校に通っていたんですが、毎年、東大・京大・阪大に50名以上送り込むような進学校だったので、千葉大に行くといったら猛反対にあいました。その中でも私は落ちこぼれ組ですよ。東大・京大・阪大以外は認めないような空気だったので、千葉大なんかやめとけ、と先生が言うんです。でもそのときにはカーデザイナーになると決めていたので、「先生が言うような学校ではカーデザイナーになれません」と頑として話を聞かずに千葉大に進みました。

でも千葉大に進学してもクルマのデザインは誰も教えてくれませんよ。吉岡教授という恩師がいるのですが、「広い視野のデザインを学べ」ということでスキル的なものは何も教えてくれません。ただ、スキル以外のデザインに関することは教えてもらいました。あとは、昔から絵が好きで暇があれば色々と描いてましたので。

覚えているのは、大学3年の時に、トヨタに実習に行けと言われて行ったんですよ。そこで初めてプロのデザイナーの方が描いているのを間近で見せてもらったんです。当時のトップデザイナーの内田さんという方です。フローマスターというインクを使って、ベラム紙に綺麗に描いていく。レンダリングですよね。私はペンで描くだけでしたので衝撃を受けました。と、同時に焦りも出てきて。これじゃマズイと。その帰りに伊東屋に寄って、高かったんですけど画材を全て揃えて必死に練習しました。

ですが、当時私は水泳部のキャプテンをしており、水泳のことしか頭にありませんでしたので就職するつもりはありませんでした。大学院にでも行こうかと考えていましたので。

そんな時にホンダからのスカウトがあったんですよね？

ちょうど関東甲信越大会で優勝するかどうか、という時期で毎日練習していたときにホンダの方が私に会いに来ました。そんな時期だったので練習があるからと、会うのを断ったんです。ですが、練習をして終わったらまだ待っていてくれたんですね。2時間以上ほったらかしにしても待っていてくれた。それで口説かれちゃったわけです。こんなに熱意を持って声をかけてくれるんで、行ってみようかなと。

ホンダで学び、ダイハツで開花

ホンダには7年程在籍しました。同期は5名ですね。いまもホンダにいらっしゃる松澤さん、宇井さん、もう退職された牧田さん、僕、そしてNORI, inc.の栗原さん。しょっちゅう旅行にいったりね。今でも親交があります。この業界にいるとよく会いますし。栗原さんと私は2輪に配属されました。ただね、私は2輪に興味が無かったんです。栗原さんは初めから2輪希望だったので希望通り。私は4輪にしてくれと頼んだのに希望が通らなかった。ちょうど、同期の松澤さんは2輪希望だったのに4輪配属。なんでこんな酷いことをするんだと配属発表の日に辞表を出しました。

わざわざ千葉大に会いに来てくれたのに、入社した途端こんな仕打ちを受けるなんてとんでもない会社だ、とそのままの勢いで辞表を提出です。そうしたらまぁ止められますよね。何事も社会勉強やから辛抱せい、と。

ホンダ同期生工場研修時代。左から宇井氏（後のホンダデザインディレクター）、栗原氏（NORI, inc. 会長）、松澤氏（後のホンダ広報）、牧田氏（ホンダ汎用）、石崎氏本人

2004年4月、藁塾セミナーにて再会。左から栗原氏、松澤氏、石崎氏、宇井氏

初代シャレード

ただそれじゃあ納得できません、ということで半年後に、同じく希望の通らなかった松澤さんとチェンジしてもらうことになりました。これで晴れて2人とも希望通りの部署ですね。2輪は半年だけなので、あっという間。2輪に全く興味も免許も持ってなかったのですが、その後同時に4台も所有するくらいハマってしまいました。

仕事面でいうと、当時の上司から色々と学びました。デザインの考え方は岩倉さん、造形については樽松さん。このお二人から学んだことが、いまでも私の自動車作りのベースになっています。

当時のホンダはね、いきなりクレイ。絵なんか描かないですよ。取材が来ることになると、慌ててあとづけで絵を描くくらい。これこれをデザインしろ、と言われてクレイで3つくらい作って持って行くと「なんで3つもあるんや。ひとつにしろ」と言われましたから。その後、2代目シビックやクイントを担当したんですが、そこで転機が来ます。というのも、初代のシビックはキレ味のあるデザインで良いんですが、2代目はその小気味よさが無くなってしまってるんですよね。クイントもそうです。

そのあたりでダイハツからシャレード[※2]が発表されたんです。それがインパクトがあった。ダイハツのデザイン力は凄いなと感じたんです。その後、偶然シャレードの開発責任者である西田取締役に会うことがあり、その時に言ったんです。シャレードは素晴らしい。私はシャレードを買おうと思う、と。そうしたら、ホンダで充実してるか?と言うんです。ギクっとしながらも、いえ、してないです、と言うと、じゃあウチに来いということになりまして。

色々と重なったんです。四国の親のことも考えて地元に近づきたいなとも考えてましたので。ダイハツに転職した当初は少し悩んだりもしましたが、徐々に任せてもらえるような立場になりました。当時は、主にミラとハイゼットしかなかったので、どんどん車種を増やそうとしている状況。ダイハツは他と比べて組織が小さい分、デザイナーの想いを反映させやすい。今考えると、私にとっては良い環境だったなと感じます。軽の新規格になってからは全て担当しましたから。

[※2] シャレード = ダイハツ・コンソルテの後継モデルとして1977年11月に発表。当時欧州各国では、駆動方式をFFに改めた小型車が出揃い始めており、日本の各社でもそれに追従する流れが起こっていた。そのような中、初代シャレードは「5平米カー」というキャッチコピーで、従来の日本における大衆車とは異なる世界観を持って世に出ることとなった。日本の自動車史上にリッターカーというジャンルを生み出したエポックメイキングな存在。

HIROHUMI
ISHIZAKI

オプティ初期スケッチ

| 81 | Ignition

HIROHUMI
ISHIZAKI

コペン初期スケッチ

ネイキッド

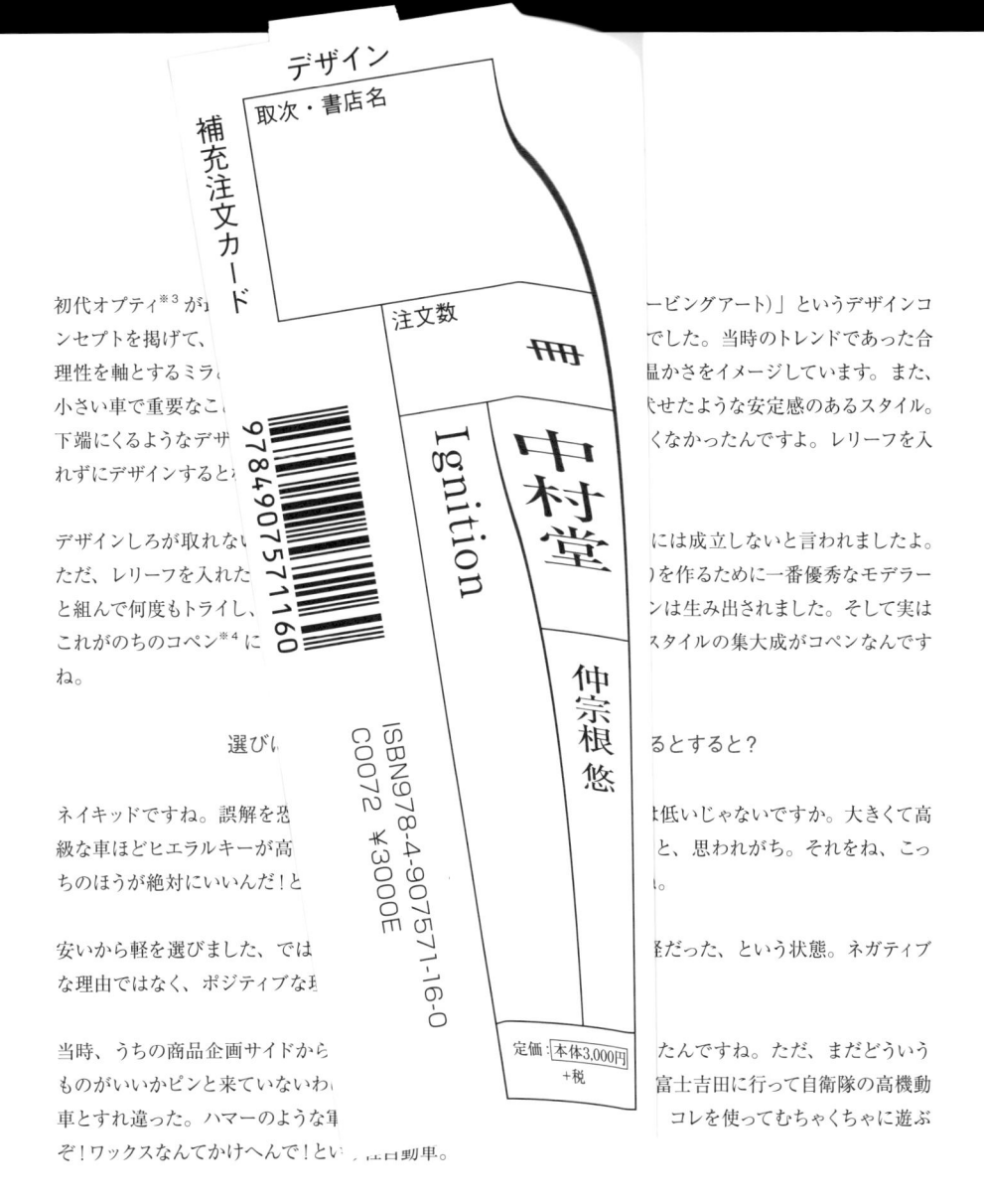

初代オプティ※3 が、　　　　　　　　　　　　　　ービングアート）」というデザインコンセプトを掲げて、　　　　　　　　　　　　　　でした。当時のトレンドであった合理性を軸とするミラ　　　　　　　　　　　　　　温かさをイメージしています。また、小さい車で重要なこ　　　　　　　　　　　　　　せたような安定感のあるスタイル。下端にくるようなデザ　　　　　　　　　　　　　　くなかったんですよ。レリーフを入れずにデザインすると　　　　　　　　　　　　　

デザインしろが取れない　　　　　　　　　　　　　　には成立しないと言われましたよ。ただ、レリーフを入れた　　　　　　　　　　　　　）を作るために一番優秀なモデラーと組んで何度もトライし、　　　　　　　　　　　　ンは生み出されました。そして実はこれがのちのコペン※4 に　　　　　　　　　　　　スタイルの集大成がコペンなんですね。

　　　　　　　　　　　選びに　　　　　　　　　　　るとすると？

ネイキッドですね。誤解を恐　　　　　　　　　　　　は低いじゃないですか。大きくて高級な車ほどヒエラルキーが高　　　　　　　　　　　と、思われがち。それをね、こっちのほうが絶対にいいんだ！と　　　　　　　　　　　　　　　。

安いから軽を選びました、では　　　　　　　　　　　　軽だった、という状態。ネガティブな理由ではなく、ポジティブな理　　　　　　　　　　　

当時、うちの商品企画サイドから　　　　　　　　　　　たんですね。ただ、まだどういうものがいいかピンと来ていないわ　　　　　　　　　　富士吉田に行って自衛隊の高機動車とすれ違った。ハマーのような車　　　　　　　　　　コレを使ってむちゃくちゃに遊ぶぞ！ワックスなんてかけへんで！とい　　　　　　　　軍車。

よくアメリカの映画でバーンと車のドアを蹴って閉めたりするシーンがありますよね。汚れることや凹んだりすることをまったく気にしない。まさにそんなイメージです。ネイキッドは、私も12年間乗ってたんですけど、リアシートを取り外して自転車を入れて使っていました。個人的にも、高級車をピカピカに磨いて乗るタイプじゃないんです。傷ついたら嫌だな、なんて事を気にしながら乗るのは性に合わない。小さいことの持つメリットや、この車にしか無い良さ。軽自動車の中にもこんな面白いのがあるんだぞ、と。そういう意味では免罪符をうまく作れたんじゃないかと思っています。

　　　　　　　　カーデザイナーを志す方へのアドバイスをお願いします。

建築を勉強する人は、まず過去の作品から学びますよね。カーデザインを勉強する人は過去から学ぶ姿勢が薄いように思います。カーデザインも歴史の積み重ねですよ。白紙からは何も生み出せない。自動車博物

※3 初代オプティ ＝ 1992年1月デビュー。発売に先がけて、前年1991年の東京モーターショーにプロトタイプが「X-409」の名前で出展された。当時のダイハツの看板車種であったミラの上級車種として登場し、人気を博した。

※4 コペン ＝ 初代オプティの頃から挑戦し続けてきたロングライフデザインを目指し、安定感や親しみ深さを表現。2002年のデビュー以降、フル生産体制が続いたことからもその人気の高さが伺える。発売から10周年記念としてシリアルナンバーを入れた10TH アニバーサリーエディションを発売。石崎さん自身も最後のコペンを手元に置いておきたいということで購入し、現在でも所有しているとのこと。

館に行って、素晴らしい車やダメな車を見て考えて下さい。これはなぜ素晴らしいのか。どうやって作られたのか。そしてダメな車はなぜそうなってしまったのか。自分ならどうするか。ジウジアーロがデザインしたマツダのルーチェやいすゞピアッツァなんかはいま見ても美しい。昔の仕事を学ばないで明日は作れません。

時代時代で、時を切り拓いてきた車というものがありますよね。時を切り拓く車とゲテモノは紙一重だな、というのも私の考えです。フィアット・ムルティプラを見て下さい。とても個性的。商売としては成功しなかったかもしれないですが、私は良いと思います。また、オートカーの記者がアルファロメオSZのことを「Ugly is Beautiful（アグリー イズ ビューティフル）」と表現していました。車は法則が全てじゃないんだなと思わされます。瀬戸際のデザインですが不思議と引き込まれる。自分にはできないという意味で憧れる部分がありますね。

以前、エルコーレ・スパーダ[※5]とプロジェクトをしていて、家に招待されたことがあります。当時はイタリアのデザイン会社I.DE.Aのチーフデザイナーでした。そこで彼は「ジウジアーロはパーフェクトなデザインをする」と私に言いました。そして、「でも人間、パーフェクトだとつまらないだろ？」とも。Alfa Romeoに、カングーロとTZ2という2台の車があります。カングーロは360度どこからみても何の破綻もありません。まさにパーフェクトなジウジアーロデザイン。

一方、TZ2はエルコーレ・スパーダのデザインです。クセがあって、アグレッシブ。ともすれば野蛮と言えますがカングーロもTZ2もどちらも感動する。カングーロとTZ2は同じシャーシで作られています。デザイナーが違うだけでこんなにも表現する世界が違う。そういうことも勉強した方がいい。ちなみに、私が幼い頃に衝撃を受けたアストンマーチンDB4ザガートは彼のデザインだということも教えてくれました。

その場で当時描いたスケッチを嬉しそうに持ってきてくれて、プレゼントしてもらったんですが、うちの家宝になっていますよ。

良いデザインかどうかは10年後に分かる

学校の生徒にも言っているのですが、ヒントはかならず日常の中にあります。ボーッとして見るんじゃなくて、興味を持って目を見開いて集中して見る。そうすると、普段は何気なく見ている日常から浮かび上がってくるんです。

ネイキッドの時もまさにそうでした。自衛隊がいるなぁとただ見過ごすのか、そうでないのかは見る側の意識次第です。あれは、夏休みに自宅で描いた一枚のスケッチをもとに開発がスタートしています。私はどちらかというと貯めて貯めて膨らませて描き始めるタイプ。オプティも初代ムーブも開発初日に描いたスケッチです。デザイナーはスケッチをたくさん描くものですが、最初に描いたスケッチが一番良いことはよくあること。ただし、100枚描いても出ない時もある。そんなものです。

「時は最後の審判者」という言葉を初代タント[※6]の開発の際に、林英次[※7]さんから頂きました。実は初代タントは、デザインクリニックといって、一般の方にいくつかの案を見てもらい、意見をもらったんですが、

[※5] エルコーレ・スパーダ = 1960年代のカロッツェリア・ザガート（Zagato）黄金期から常に第一線で活躍したカーデザイナーで、ジョルジェット・ジウジアーロやマルチェロ・ガンディーニなどと共に現代の自動車デザインの基礎を作った一人。I.DE.A時代にはフィアット・ティーポやフィアット・テムプラ、ランチア・デドラ、アルファロメオ155などを手がけた。

ムーブ初期スケッチ

一番評価の悪い案を選びました。どうしてもそれでいきたかったのでその案を選んだんです。その時に林さんは、「良いデザインかどうかは10年経ったら決まる。そしてその選択は間違っていない」とおっしゃいました。時は最後の審判者だと。

そういう意味でも、過去から学ぶことは大事なことですね。

そういうことです。絵の練習をする、絵が描ける、そんなことなんて当たり前。みんなやっているし、できて当たり前なのでそこは頑張ってください。ですが、他のことも勉強しなくちゃいけません。数学も国語も英語も歴史も過去のデザインも、自分の能力を高めるために全て勉強する必要があります。テレビやネットから得る知識だけではダメです。テレビや映画はダラっとしてても見れる。それじゃ身につかない。ボーッとネットを見ていても実際に集中しないと意味が無いんです。この業界は絶えず変化してきました。私が手紙を出した八重樫さんの世代から始まり、諸先輩方が創世記を作ってくれました。そこから10数年あとの世代が私達。その頃の環境と今は違います。多くの人が関わるようになって、どんどん分業が進んでいます。一般の方には実際の開発現場を想像することは難しいでしょうが、本当に多くのプロセスが存在する。だからこそ、俺がデザインしたんだ、と思えるものを作るには絵を描くスキルなんか当たり前。そうじゃないと設計者とやりあえないですよ。

デザイナー同士でもそうです。絵で負けても、口で負けても、頭で負けてもいけないんです。色々なことを乗り越える力を身につけるために、あらゆる能力を高める努力をする必要がある。絵を描くのはあくまでスタートです。そこから先を見ないといけない。コミュニケーションして議論して、説得して、納得してもらうことは絵を描くスキルだけではできません。普通の人と同じようにやって満足してたらダメなんだ、と視座を高く持つことが大事。私はそう思います。

※6 タント＝「しあわせ家族空間」をコンセプトに新ジャンルの軽自動車として2003年デビュー。その広さと使いやすさは若いファミリーを中心に圧倒的な支持を得て、「ママのワゴン」としてダイハツの柱となった軽自動車。車名の「tanto」とは、イタリア語で「とても広い、たくさんの」という意味。

※7 林英次＝1931年京都生まれ。LILACにて設計課長を勤めた後、ブリヂストンサイクルに入社。取締役設計部長としてオートバイや自転車、スキー、ホイールなど様々なプロジェクトを手掛ける。1981年、AXIS創立に携わり、企画部長、編集長、代表取締役専務を経てRCA名誉評議員、AXIS社友、ブリヂストンサイクル名誉顧問として現在に至る。「デザイン司南　一寸先は闇（林英次著）」参考

Smile Maker
TAKAYUKI YAMAZAKI

Creative Communicator
KOTA NEZU

Car Designer + Car Modeler
YOSHIHIRO TOKUDA

Car Designer
SANTILLO FRANCESCO

独立という選択

INDEPENDENT DESIGNERS

TAKAYUKI
YAMAZAKI

INTERVEW
11

スマイルメーカー
やまざきたかゆき

Smile Maker　TAKAYUKI YAMAZAKI

TAKAYUKI
YAMAZAKI

やまざきたかゆき（山崎 隆之）= 1972年、長野県上田市生まれ。1995年に東京コミュニケーションアート専門学校（以下、TCA[※1]）卒業後、株式会社本田技術研究所に入社。若者に特化した商品開発を得意とし「Ape[※2]」や「ZOOMER[※3]」のコンセプト、デザインを担当。個人の活動として、アクセサリーブランドproduct_c[※4]を主催。近年では、若者向け原付スクーター「GIORNO」。42th東京モーターショーショーモデル「motor compo」は世界各国で注目を集めた。2012年、同社を退職。2014年、Car Design Academyの講師に就任。同年、pdc_designworksを設立（http://www.pdcdesignworks.com/）。実車のデザインだけでなく、RCカーのデザインなど幅広いデザインを担当。2015年の東京オートサロンではDAIHATSU D-SPORT コペンのボディデザインを担当するなど、独立後も精力的に活動している。

機械に囲まれた子供時代

父がバイク好きで、Hondaに乗っていました。1歳くらいの頃だと思います。毎朝、父が仕事に行く前に"一周"っていう儀式みたいなものがありまして。長野の城下町で生まれ育ったんですが、おぶり紐で背中に括りつけられてお堀の周りをバイクで一周するんです。その頃から、内燃機とか機械的なものが好きになっていったと思います。親戚一同クルマ好きが多かったというのもあるのかもしれません。当時、一番気に入っていたのがスバル360[※5]。独特の音がするんですよ。何故か僕はそれを"エンジン"と呼んでいました。それに乗っている親戚のおじさんがくると「エンジン！エンジン！」と言いながら、ボンネット開けさせてエンジンを見せてもらうっていうことをやってみたいです。とにかくスバルが好きでした。見た目も可愛らしくて、エンジン音とかも独特な生きているような感じがして。

父親が印刷の仕事をやってたので、夏休みになるとバイクで会社まで乗せてもらって、インクの匂いとか輪転機の音とか聞きながら遊んでました。機械好きでものづくり好きはこの頃からですね。紙の切れ端とかが簡単に手に入る環境だったので、友達と集まって漫画を描く大会のようなこともしてました。当時、Dr. スランプアラレちゃんがはやったんですけど、鳥山明ってメカとかクルマとか結構凝って描くんですよね。そのタッチを真似しながらスバルを描いてました。それをやりながら油粘土でモノコックを作って、ドアを貼り付けて、イス付けて。クルマを全部作ってました。かっこ良く言うとカースケッチとクレイモデリングですね。

タミヤさんの影響が大きいと思います。プラモデルが良く出来てたじゃないですか。模型とか買えないんですよ、高くて。だから模型屋行って、中開けて、説明書とか読みまくって、必死で見て記憶して、家帰って「たしかこうなってたよなぁ」とか言いながら再現するんです。ちゃんとホイールアーチ作って、サスペンションみたいなのにタイヤをくっつけて。結構完成度は高かったと思います。

※1 東京コミュニケーションアート専門学校 = 略称、TCA。カーデザインを学ぶ4年制の自動車デザイン科は長い歴史を有し、卒業生の多くがトヨタ、日産自動車、Hondaなどの大手自動車メーカーの研究開発デザイン部門への就職を実現している。日本屈指のカーデザイナーを輩出する専門学校。

※2 ホンダ エイプ（Ape）= 2001年2月、Honda・Nプロジェクト第1弾として発売された。2002年2月にはエイプ100が追加販売。スタイルはトラッカーともネイキッドとも取れる独特なもの。ユーザーの多くは若者だが、多くのカスタムを施している中高年ユーザーも存在する。ある種ネイキッドに近いスタイルを生かして、レース仕様にしているユーザーも多く見られる。

※3 ホンダ ズーマー（ZOOMER）= 2001年6月に発売。先に発売されたApeに続くNプロジェクトの第2弾として登場し、主に個性を主張する若者をターゲットに作られた。発売以来、ネイキッド（スクーター特有のプラスチックカバーがない）スタイルに、前後の極太タイヤや、デュアルヘッドライトを採用した新感覚のデザインが若年層を中心に多大な人気を得ている。

※4 product_c = 2007年設立。アクリル、LEDなど、素材の持ち味を活かした、新感覚アクセサリーブランド。シンプルかつインパクトのあるアクセサリーをプロデュースしている。SlipknotやAKB48が装着し、海外美術館で展示されるなど、今後の展開にますます目が離せないブランドである。
参考 http://pdc.main.jp/

※5 スバル360 = 富士重工業（スバル）が開発した軽自動車。1958年から1970年までのべ12年間に渡り、約39万2,000台が生産された。そのかわいい姿から「てんとう虫」という愛称が与えられ、長く人々に親しまれ続けた。

| 89 | Ignition

やまざき氏がデザインを担当した TAMIYA の RC カー「デュアルリッジ（DUAL RIDGE）」

その後、小5くらいでラジコンブームが来たので、近くの高校に潜り込んでオフロードタイプのやつをみんなで走らせたりなんかしてましたね。同時期にパソコンにもハマりました。National の MSX を買ってもらって、BASIC って言語を使ってプログラミングするんです。自作のゲームを作るのが流行ってたんで、プログラマーになりたかったんですね。マイコン BASIC マガジンっていう本に、ちょっとしたゲームのプログラムが書いてあるんで、それを打ち込みながら、アレンジしたゲームを友達にさせて喜んでました。

絵とかプラモデルとかパソコンに加えて、中学校になったら聖飢魔IIにハマるんです。ハードロック系のバンドを組んで、近くの楽器屋がやってるスタジオに通ってました。そこにいる地元の兄ちゃんに教えてもらったり、余りの弦とかもらったりなんかして。その頃の生活は完全にバンドがメイン。

興味のままに、全方向に動く

そんなこんなで、千曲高等学校電子機械科に入りました。最初に乗ったバイクは、友達から2万円で売ってもらったスズキの RG50 Γ[※6]。走ってるたんびにどっかしら部品が取れるんです。振動がひどくて。でも物凄い速かったですけどね。峠ばっかりなんで走る場所はいっぱいある。当時膝すりが流行ってたんで、膝に空き缶つけて、ツナギ着て攻めてました。

僕が組んだエンジンが一番速い！と噂になって、改造依頼がきてやってあげたり。プラモデルで培った技術を活かして、全部タミヤカラーに塗装したり、カッティングシートを切って貼ってデザインして。クオリティーはめちゃくちゃ高かったですよ。

もちろん中もイジってました。台所にエンジン置いて、エンジン全部バラして、この方が速いはずだ！とか言いながら組んでいく。終わるまで気になって寝れないから徹夜です。バイク屋に通って教えてもらったり、改造のバイク雑誌を読みあさってやっていくと予想通りめちゃくちゃ速いのが出来上がるんですよ。それが気持ちよくて。ひとりチューニングショップみたいな感じですよね。どんどん趣味が増えていく。バイクと並行して、絵を描いたりプラモデルとかパソコンやったり、バンドもしてたんで、勉強ができてなかったですね。朝までエンジン触ってるんで、学校は寝る場所と決めてずっと寝てました。自分のやりたい勉強だけは起きてやるんですけど、それ以外は全て寝る。テストでは100点か0点かみたいな感じですよね。

ファッションにもハマってたんで、学生服を自分でデザインして裾をすぼめてオリジナルのやつを作って、怖い先輩に呼び出されてシメられたこともありました。いま話していて思ったんですけど、絵に描いたような不良学生ですね。その頃はまだデザイナーになりたいとは思ってなかったです。どっちかというとバンドやって、

※6 スズキ RG50 Γ ＝ 原付クラスの定番ロードスポーツとしてファンに親しまれていた。原付クラスとは思えない豪華な造りが特徴。

音楽で食っていくか、クルマのカスタム屋さんでチューナーとして働きたいと思ってました。

そうこうしてるうちに卒業が近づいてきて、進路指導があったんですよ。将来なにやりたいか考えてたらやりたいことが色々出てきたんですね。バンドやりたいっていうのもあったし、絵も描きたいから漫画家やイラストレーターもいいなと思ってたし、ファッションデザイナーも捨てられないし、レーサーもいいな、チューナーになってイジる方もいいな、Hondaにも行ってみたいなって。それで、一番ハードルが高いところから攻めよう、と思ったんですね。例えば、バンドはバンドやってます、って言い切ればやってるもんだしライブハウスにも出れる。そんな感じで色々考えたらHondaに入るのが一番大変そうだって結論になった。親も喜びそうだし。それで、色々本屋で調べてたら、美大に行かないといけないって事が分かったんですけど、お金も無いし、そもそもデッサンとかやってないし無理だろうと。そんなときにTCAっていう学校に、オートバイデザインがあるってことを知って。

Hondaに入った人も多かったのと、Hondaの講師がいたり、Hondaとのプロジェクトもやってたんで、TCAに行こうと決めました。

勝てる勝負をする

1992年にTCAに入ったんですけど、当時カーデザインが流行ってたんで120～130名くらいいました。今では考えられないですよね。あと、絵のうまい人も多かったです。もう手の届かないくらいうまい。その時から、自分の勝ち技は絵じゃないな、って風に思ってました。描いてる人って半端じゃないんですよ。朝から晩までず————っと描いてる。僕はバイクにも乗らなきゃいけないし、女の子とも遊びたいし、お酒も飲みたいし、そんなに描き続けることは出来ないな、と思ったんですよ。そこで勝とうとするって相当無理な話じゃないですか。先生からも「お前は描かないタイプだ！」なんて言われてたんで。

ただ、面白いことを考えるタイプだって事も言われてたので、コンセプトワークの方を太らせようと思ってそこに焦点を当てて伸ばしていきました。他の人がやっていることは絶対にやらない、と決めて。学生なんで、結構右に倣えになっちゃうんですよ。でもそれやっちゃうと結局絵の上手い人には勝てない。勝てないって思った時点で追っかける側になっちゃうじゃないですか。勝つためには自分の土俵で戦わないといけないんですよ。なんでそういう考え方を持ったかっていうと、中学の陸上部時代が関係してます。100メートルやってたんですけど、どうも勝てそうにないって分かっちゃったんで110メートルハードルにしたんです。そしたら県大会直前くらいまではいけて、部長にもなれた。そのロジックもあり、混んでるとこには行かない、空いてるとこで勝負っていうね。自分を客観的に見て、練習量も情熱もそこまで無いっていうのが分かってたんです。でも、負けず嫌いだったし、集中力や頑張る力みたいなものは、好きな事に関してはあったんで、勝てる勝負をするために、ってことを徹底的に考えました。

当時は、コンセプトの方に重きをおいている人は少なくて、描けない人はどんどんドロップアウトしていきましたね。7割くらいは学校に来なくなっちゃったんじゃないですかね。バブルが弾けた後だったんで、カーデザイナーの募集も本当に少なくて就職が難しくなった時代ですから。
2年次に産学協同プロジェクト[7]でHondaが来たんですよ。3ヶ月くらいのプロジェクト。半年だったかな？そこで、絶対にトップをとらないとアウトだな、と思って挑みました。その期間は人生で一番気合いれて頑張りました。コンセプトワークがあって、デザインして、プロダクトを作るっていう流れだったんですけど、

※7 産学協同プロジェクト ＝ 新しい知の創造や優れた人材の養成、確保などを目的として企業と学校がコラボレーションして活動するプロジェクト。

それぞれで優秀な作品が3台ずつ選出されるんですね。たしかテーマは「10年後のスーパースポーツを考えなさい」みたいな感じだったと思います。当時は走りに徹してるのってレーサーレプリカしかなかったんで、街に馴染みにくかった。僕が考えたのが、お洒落で街に馴染む、レーサーレプリカではない、レーサー的な性能を持ったバイク。それで、ボディーのプロテクションみたいな部品がアクセントになって、転んでもそれを変えれば大丈夫っていうテーマで作りました。

コンセプトを死ぬほど考えて、絶対にこれなら勝てると思って当時のデザイン部長にプレゼンしたら1番取れたんですよね。そのあとのデザインワークは、中々うまく描けなかったんですけどHondaの現役デザイナーから教えてもらいながら、ちょっとずつ上手くなってきて。

最終的にHondaからの評価はとても高くて、学校の方も気に入ってくれてモーターサイクルショーに僕が作った作品を出してくれました。そこに取材に来てたバリバリマシンっていう走り屋系の雑誌が、大きく取り上げてくれたのが嬉しかったですね。そのHondaとの産学協同プロジェクトで評価の良かった先輩が内定をもらっていたので、僕も期待してました。でも、いざ就職試験の募集がきたら、TCAにはモデラーの募集しかこなかったんですよ。俺の人生終わったも同然だと思いました。こんなんじゃあ田舎にも帰れない。

先生に相談したら「こういうのはデザイン室だけじゃなくて総務が決めるからしょうがないんだよね」って言われて。プロジェクトの時にデザイン室のマネージャーの名刺を頂いてたんで、「学校さえマズくなければ直接電話してみたいんですけど…」って食い下がったら、先生が「俺がかけてやる」って言って電話してくれました。募集来てないのは分かってるんですけど、受かる受かんない関係なく評価外でもいいんで実習だけ、体験っていう形で受けさせてもらえませんか？ってとりあってくれて。

そしたらそのマネージャーが総務と掛けあってくれて奇跡的に何とか参加できることになったんですよ。産学協同プロジェクトで作った作品も、持ってこなくていいよ、って言われてたんですけど汚いワンボックスに積んで実習に持って行きました。他の皆は、ポートフォリオとか持ってきてたんですけど、僕だけ「バイクはどこ置けばいいですかー！？」とかってワンボックスから降ろして。他の学生は完全に引いてました。「クオリティー高い」とかって皆言ってるんですけど当たり前です、Hondaのプロの方の手が入ってるんで（笑）。でも、僕はそもそも枠が無い中参加したので、受かるとも思ってなくて、出落ちくらいに捉えてました。

実習は徹夜でひたすら絵を描いて、上手な人の順に内定がでるって、先輩から聞いてたので絶対に無理だなと思ってました。そしたら、今年から徹夜禁止でちゃんと8時間で終わるように進める、って言われたんです。しかも今回はバイクの絵を描きません、って言うんですよ。完全にこっちに風が吹いてきたと思いました。それぞれ色んなテーマがあって、それをこなして下さい、っていう感じです。「機能的なゴミ箱を考えて下さい」「"フォルム"という商品があったとしたらどんなパッケージやロゴでしょうか？ その商品も考えて下さい」みたいな感じだったと思います。そんなテーマだったんで、絶対に笑えるようなやつとか、皆がビビるようなやつとか考えてやろう、面白がってやろうと思って一生懸命やりました。

1週間くらいだったと思います。2名しか受からないって聞いてたし、有名美大の人達ばっかりで、ポートフォリオを見たらめちゃくちゃ上手かったので、まさか受かるとは思ってなかったんですけど…受かったんですよ。先生に報告したら、「この課題でこれだけのネタ出してたらそりゃ勝つわ」ってドヤ顔で言われて。アイデアの展開力とかデザイン力とか凄い良いよ、得意な領域で良かったね、って。
その年のHonda内定者は、デザイナーが僕と桑沢デザイン研究所[8]の女の子で、モデラーは僕が大破させてしまったバイクを売ってくれたTCAの友達でした。

TAKAYUKI
YAMAZAKI

Honda 時代

　Hondaに入ったら、僕の時代は、まず他の部署に行かされるんです。デザインブロック、研究ブロック、テストブロックっていうのが分かれていて。要はデザイン屋さん、設計屋さん、乗り屋さん、ですよね。デザイン以外のところに1〜2週間ずつ丁稚奉公みたいな感じで行かされて、仕事の流れを教えてもらうんです。テストコース行って、テストライダーの後ろに乗っけられて300キロ出されて、どや！みたいな。

　テストコースは革ツナギが制服なので、持ってない人は借りてこい、っていう感じなんですけど、僕は峠小僧だったので、かなり気合の入った自前のボロボロのやつを着て行ってら、テストブロックの人達の目の色が変わるんですよ。「お前、やるな！走れるやつだな！デザイン室は走れねえやつばっかりなんだよ！」とか言われて（笑）。膝とかバリバリ擦れてるし、転び傷とかいっぱいあるんでウケるだろうな、ってのはあったんですけど思いのほか可愛がってもらえました。峠小僧やってたのがこんなとこで活きるとは思いませんでしたけど。後々、連携してくる所なので、非常に勉強になったし、仕事もやりやすくなりましたね。最初はデザインなんかさせてもらえないんでカラーリングから。マットメタリックのカラーリングとかやってたんですけど、実は1996年なんですよ。おそらく世界初だと思います。

　4色分解のステッカーで大理石っぽくしたやつを作ったり、初期のiMacの時代にはスケルトンのやつ作ったりとか。結構、飛び道具的な尖ったことをやってましたね。そして、その後初めてデザインとしてやったのがApeです。モンキーって良いんだけど、小さすぎてちょっとこっ恥ずかしい人もいるだろうからでっかいモンキーが欲しいね、ってイメージです。僕はNSR50で育ったんですけど、12インチのハイグリップタイヤが履けるくらいのサイズ感で、ちゃんと立ったエンジンで普通のが欲しいよね、って。皆そう言ってたんですけど、出すタイミングも無いし、上からそんな企画が降りてくるわけでもないので、そういうバイクをどこも出して無かったんですよ。

　それで、たまたま若者研究っていうプロジェクトが会社で始まったんですけど、お前が旗振ってなんかやれ、と。その時に、Apeを考えて、動くモデルで作ってみたら、「やっぱりいいね」なんて皆ニコニコして言うんですよ。大変だったけど楽しかったですね。

　その後が、ZOOMERです。Hondaの中で、海外の研究所のデザイナー達とコミュニケーションを取る、っていうのが年に一回あって。それぞれの国でやるんですけど、日本でやるときに僕がアテンドで選ばれたんです。日本の若者に特化した商品を考えよう、ってテーマで日本の若者文化といわれるようなところを周ったり、お寺とか周ったりしながら。その時にZOOMERのコンセプトが生まれました。

　プラスチックってかっこ悪いよね、メットインって便利だけどおばちゃんぽいよね、みたいな。当時、若者の間でバックパックが流行ってて、色んな自慢アイテムを見えるようにカバンに入れてたんですよ。スケボー挿したりとか、お気に入りのスニーカーを見えるようにしてたりとか。グレゴリーとかが流行ってた時代ですよね。そういう人達にメットインて要らないんじゃないか。彼らたちは自分の持ち物を自慢したいんじゃないのか。バックパック持ってるんだから、もっとフレキシブルに収納があって、プラスチックじゃなくて、タフで長持ちする道具みたいな相棒がいいんじゃないか、って考えてできたんです。傷ついてもかっこいい、って感じでガードレールにガシャって停める。性能関係ないんだけどファットタイヤでがっしりと大地をつかむ

※8 桑沢デザイン研究所 ＝ バウハウス思想を継承した日本で最初のデザイン教育機関としても知られている。カーデザインやプロダクトデザインの授業も充実しているため、プロダクトデザイナーやカーデザイナーも多数輩出している。参考 http://www.kds.ac.jp/

ようなバランスで、丸いライトがついてて、やたらと使えそうな感じってのを意識しました。
使い込めば使い込むほどカッコいい、みたいな。当時の裏原系の美容師さんとかショップ店員さん使ってくれるといいね、って。原付って使えなきゃ意味が無いんで、日々の足をかっこ良くする、って作ったんです。

お前面白いからコンセプト作りに4輪のとこ行って来い、って言われて4輪もやってました。超先行モデルみたいな感じで発表できないものばっかり作ってましたね。コンセプトカーにもならないようなもっと未来のものです。車以外の事でHondaを楽しくするアイデアとか、一日中考えてました。その後のHondaが裏原宿に作ったH-FREE[※9]っていう、アパレルショップ兼、リサーチショップのお店とも関わりました。カスタマイズしたバイクとかを置いて反応みたりして。

ビッグスクーターブームがあったんで、僕もカスタムしたビッグスクーターに乗って通いながら、アパレル店員みたいなことをして、ガチのユーザーと仲良くなってビッグスクーターブームに対しての提案を会社側に色々してましたね。当時僕が乗ってたフュージョンが裏原界隈で神と崇められてて、見る人見る人声掛けてくる。バンクするところにチタンボルトが入ってて、火花をあげながら曲がるんです。流行ったんですよこれが。マッドブラックにピンストライプのデザインなんですけど、結局この仕様の量産車が出ました。

この辺も幼少期からパラレル（並行して）で色々やって他ジャンルのことをインプットしていたことがいい方向に働いて、リアルな感じのものが出来たと思います。

　　　　　　　この時期にオリジナルブランドの設立もされてますね。

そうですね。自分ジャッジでデザインをして不特定多数の人がいいね、って思って買ってくれたらいいよね、って思ってオリジナルのブランドproduct_cを作りました。

自分がクラブに行くときの服がない、っていうのが一番で、もっと目立ちたい、光ったら面白そう、アニメみたいな世界観で、かつ、もうちょっとカチッとした工業製品みたいな服を作りたい、っていうのがあって。普段の仕事もあるんですけど、基本的には全部パラレルで進めちゃう。H-FREEの時に仲良くなった人とかを巻き込みながら、いいじゃんいいじゃんって感じで進めていきました。

●
人が笑顔になる仕事をしたい
●

僕、独立したときに肩書きを何にしようかな、って考えてたんです。product_cでファッションとかもやったりしてるんですけど、やっぱりプロダクトデザイナーの視点っていうのは大事かなと思ってるんです。プロダクトデザイナーっていうのを軸にはしてるんですけど、でもその前に"スマイルメーカー"っていう肩書きの方がピンと来た。何をしたいの？って言われた時に、人が喜ぶ。笑顔になる。そういうお仕事で僕はこれから食っていきたい。そう決めたんです。

そのための手段として、プロダクトデザインの経験があります、っていうくらいでいいかなと。あとは、幅広く色々とやらせていただくのであれば、僕の今までの仕事を見て頂いて、僕個人を見て頂いて、お仕事頂け

※9 H-FREE = 2003年4月、ホンダが、原宿キャットストリートにリサーチを目的としてオープンしたアンテナショップ。

東京オートサロン 2015 にて公開された COPEN XPLAY × DSPORT

ればっていう感じです。そしてできれば、一本軸でバイクを10台作る、とかっていうことじゃなくて、例えば、バイクがあって、乗る人がどんな服着て、どんな場所に遊びに行くか。カフェに行くんだったら、そこにある机や椅子ってどんなもの？かかる音楽って？っていう横軸でやまざきたかゆきデザインというものを作っていきたいですね。

カーデザイナーを目指す人へ伝えたいことはありますか？

なりたいデザインの専門知識ばかりを学ばないことが重要だと思います。車だったら、ひたすら車に集中してその知識を得るっていうよりは、他にもっと興味を持って目を向けておいたほうが良い。嫌でも仕事でしこたまやらされますからね。僕は幼少期からパラレルで色々やる癖があったおかげで就職試験に受かってHondaに入れた。自分の得意技をいくつか持っておくっていうのが良いのかなと。異種格闘技戦みたいなことで言うと、足技・手技・寝技と色々あると思うんですけど、「コレじゃなかったらこれ！」っていう感じで複数技で勝つ。

1つだけだと上には上がいるんですよね。絵がうまい人は本当にうまい。僕はそれだけでは勝負できないんですけど、組み合わせると一番なんです。ギターが弾けて、バイクのエンジンが組めて、プログラミングができて、絵がうまい、って中では絶対に1番の自信がある。そういう方向とか土俵に持っていければ、色んなシチュエーションにマッチする唯一無二のデザイナーになれると思うんですよ。アウトプットするために、アウトプットの技に集中しがちなんですけどそうじゃない。アウトプットをするために良質なインプットをいっぱいする。

最初は広く浅くでもいいんですよ。いかに良質なインプットをたくさん得るかに重きを置くんです。学生の頃も、他の人が一生懸命絵を描いてテクニックを身につけている中で、僕は遊びに行って、色んな情報を肌で感じてそれをコンセプトワークに活かしていた。車があって、その周りに何が起きてるか、その周辺のものも一緒にデザインできるデザイナーになってほしいなって思います。これからもっとそういうことが大事になってくると思うんで。ポイントは自分ならではの良質なインプット。会ってみたいな、飲みたいなと思わせるデザイナーになってください。そうなったら…あなたを敵と認識します。

KOTA
NEZU

INTERVEW
12

根津孝太 クリエイティブコミュニケーター

Creative Communicator　KOTA NEZU

KOTA
NEZU

根津孝太 = 1969年東京生まれ。東京都立西高等学校を卒業後、千葉大学工学部工業意匠学科でプロダクトデザインを学ぶ。1992年、トヨタ自動車に新卒で入社。13年のキャリアを経て、2005年 znug design を設立。愛・地球博で衝撃を与えた未来型パーソナルモビリティー i-unit[※1]、親子で楽しむ TOYOTA のコンセプトカー Camatte（カマッテ）[※2]、日本初の普通免許で公道走行可能なリバース・トライク Ouroboros（ウロボロス）やドバイの富豪を一目惚れさせる電動バイク zecOO（ゼクー）[※3] 等、今までにないワクワクするプロダクトを生み出し続けている。

●
クルマの名前は全部覚えた子供時代

クルマとの出会いはそれこそ物心ついた時、幼稚園に入る前ですよね。車大好きっていう感じで。特別、車に囲まれた環境ってわけでもなかったんですけどね。普通のサラリーマンの家庭で、小さい頃は家に車も無かったんですけど幼稚園に上がる頃には車の絵を描いてました。

しかも外形スケッチじゃなくて中身が描いてあるんですよね。エンジン的なもの。"機械の仕組み"に興味があったんですかね。先生に「雑！」と言われたことを覚えてます。ヒドいですよね。でも"デザイン"っていう言葉の語源にも関わってくる話だと思うんですが、"デザイン"って「スタイリング」って意味と、いわゆる「設計」って意味も含んでるんですよね。

今思うと、小さい頃から両方やりたかったんだなぁって。不思議ですよね。気づいたらとにかく車が大好きでした。

うちの母親がよく言うんです。花の名前は1つも覚えないけど車の名前は全部覚えてたって。ブーンって遠くで音がすると「あっ、スカイラインだ！」みたいな。そんな子供でした。

小学校2年生くらいのころですね、スーパーカーブーム。なんか、ランボルギーニ・カウンタックとかにはデザインしたおっさんがいるらしい、ってことはうっすら分かっていて。絵はずっと描いてましたよ。ただ、全然上手くもないので、ほんと興味の範囲で、描くのが好きで描いてました。車だけじゃなくて、宇宙戦艦ヤマトを描いたりとか、ガンダムが流行ればガンダムを描いたり。

周りの子からすればちょっと上手いなって感じがするかもしれないですけど、ほんとそのレベル。ズバ抜けてってことは全く無かったです。あと、小学生の頃はパソコンにもハマりました。

PCがあれば凄いことができそうっていう思いがあって。今はもう無いんですけど、近所にラオックスっていう電気屋さんがあったんですよ。そこのPCコーナーに行くと、近所の高校生くらいのおにいちゃん達がカチャカチャとプログラムを組んでいるわけですね。友達とそれを見てて、なんかそれが無性にかっこよく感じて、見よう見まねでやってました。お店が閉まるまで何時間もかけて書いたプログラムが、「もう閉店だよ

[※1] i-unit =「人間の拡張」というコンセプトに基づいており、車に乗る、というよりも"着る"感覚で設計された未来型パーソナルモビリティー。2005年の愛・地球博で発表され、展示品の代表として数多くのメディアで取り上げられた。

[※2] Camatte（カマッテ）57s = 子供でもイジったり運転でき、「親子で楽しめる」という、超小型モビリティとしてはかなり特殊なコンセプトを持つ TOYOTA のコンセプトカー。着せ替えパネルが57枚あり、自由に簡単にカスタマイズすることが出来る。

[※3] zecOO = 日本のものづくり技術を惜しげも無く詰め込んだ電動バイク。2013年にドバイで行われた展示会にて、現地の大富豪が購入したことでも話題を集めた。GENERATIONS from EXILE TRIBE の PV（開始10秒〜）にも zecOO は登場している。

〜終わり終わり！」って店員さんに無情にもプチッと電源を切られて消えて終わる、みたいな。

なので小学校5年生くらいの頃にお父さんに泣きついてNECさんのPC8001を買ってもらいました。メモリーが16KBでテキスト一個も入んないでしょ！みたいな。それで色んなくだらないものを作ってたんですけど、作る喜びみたいなものはそこで感じましたね。

トロンっていう映画に衝撃を受けて、グラフィックとかCGとかそういうのをやりたいな〜とも思ってましたね。

デザインに触れ、プロダクトデザイナーを目指す

デザインと出会ったのは高校に入ってからです。都立西高校に行きました。入ってみると凄いはっちゃけた学校。デザイン科とかでもないですよ。普通科です。当時"デザイン"みたいなことが段々と脚光を浴びてきていたんですよ。SONYさんの製品とかが多かったと思うんですけど。ウォークマンとか。今でも覚えてるんですけど、チームデミ※4っていう文具があったんですよ。全部小さくして綺麗にレイアウトされた文具セットのような。いま見ても非常に優れていると思うんですけど、それを見て、自分の中で"デザイン"っていう言葉を強く意識し始めましたね。

高校2年生の頃に雑誌POPEYEでデザイン特集が組まれてたんですよ。いわゆるプロダクトデザインみたいなことを特集していて。そこに千葉大学が載っていた。初代のスカイラインとかGT-Rとかをデザインした元日産の森先生が腕を組んだりなんかしてバシッとかっこよく写ってたんです。また面白いことを言ってるんですよ。「車を全部プラスチックで作れば、全部衝撃を吸収してサスペンションが要らなくなる」とか色々書いてる。当時の高校生を騙くらかすには十分な魅力のあるお話ですよ。

まぁそれは冗談ですけど、こんな学校あるんだ、と思って。うちはお金ないから私立大学は無理って言われてたんですけど、千葉大※5なら国立だしちょうどいい。そこで初めて、いわゆるプロダクトデザイナーになりたい、っていう明確な目標ができました。高校2年生ですね。千葉大学の意匠学科は実技試験もあるんですけど、それよりも勉強がヤバかったんで勉強をがんばりました。なので、あんまり絵を描く練習とかは特にしてないですが、学園祭でポスター作るとか、でっかい立て看板を描くとか、そういうことはしていました。あと、映画を撮ってたんでそのプロップ（小道具）を作ったり。スターウォーズのパクリで、恋愛要素を追加したようなやつです。題名とか忘れちゃったんですけど今思い出すと絶対恥ずかしい。スピーダーバイクっていうのがあるんですけど、それを段ボールで作って、浮かせた瞬間を何枚も写真で撮ってそれを繋げて、飛んでいるように見せたりとか。あと、時空が変わります、みたいなシーンをCGで表現したりとかもしてました。

まぁ、何とか晴れて千葉大学に入学することができたんですけど、千葉大って吉祥寺から2時間くらいかかるんですよ。総武線のほぼ端から端まで。車掌さんは俺より長く乗ってるしな〜と思いながら、なんとか耐えてたんですけどあるとき気づいたんです。車掌さん途中で交替してる！って（笑）。なので3年生くらいからは家にも帰らなくなって学校で寝泊まりしてました。
1〜3年生の頃はまじめに授業受けながら課題をこなしながらって感じでしたね。当時お昼80名、夜学40

※4 チームデミ ＝ PLUS株式会社が発売したミニ文房具セット。はさみ、カッター、のり、メジャー、テープ、スケール、クリップケース、ホチキスがセットになっており、累計650万個の大ヒットを飛ばした。台湾製や香港製の類似品も数多く出現するほど、ミニ文房具業界に大きな影響を与えた。

※5 千葉大学工学部工業意匠学科 ＝ 日本で初めて本格的にデザイン教育を行う目的で1921年に創立された東京高等工芸学校を母体として、1949年、新制千葉大学に設置された。以来、自動車メーカーをはじめ、様々な場で活躍する有能な人材を輩出している。

名の120名くらいだったと思うんですけど、そのうち20名くらいはカーデザイナー志望だったと思います。花形なんで人気もあった。

ただ、車の授業はもちろんあったんですけど、あんまり車ガッツリって感じじゃなかったですね。まともに車を学べる授業っていうのは1個くらいしかなくて。4年生になって研究室に入ればそういうのもあるんですけどそれ以外は無かったですね。ちゃんとレイアウト勉強して、スケッチ描いて、レンダリング描いて、クレイモデル作って、っていう通しはほんと一回くらいしか無くって。

でも森先生がいらしたからだと思うんですけど、日産から現役のプロの方が来てくれてレンダリングを3～4回連続で教えてくれたりとかっていうのはありました。凄い嬉しかったですよね。リアルに現役の人に教わるっていうのは。カーデザインの授業は少なかったんですが、材料工学の授業とか人間工学だとか、建築みたいなことやディスプレイデザインを学んだりとか。意外と面白いんですよ。今思うと役に立ってますし。

で、3年生の冬にトヨタの就職試験があったんですけど、ちょうどバブルが弾ける前の年だったんで、3週間くらいありましたね。長いですよね。何かテーマが出されて、企画をまとめて、プレゼンテーションする、っていう感じ。

僕は、すっごいデカいんだけど一人乗り！みたいな車を提案しました。タイヤも馬鹿デカくて、ほんとにザ・学生作品！みたいな。プレゼンで「こういうのって豊かだと思うんですよね」っていう話をしたら「なぜだ！沢山乗れるほうが豊かだろ！」と言われて、価値観の違いだな、って思ったのは覚えてます。

なぜ内定がもらえたと思いますか？

これを言っちゃうと今の子達はがっかりしちゃうと思うんですけど…まず、景気が良かった。受かる人数も非常に多かった。60名受けて20名受かってましたね。今の時代に受けたら受かってないかもしれない。バブルが弾ける前の年だったんで、ほんとに申し訳無いんですけど。

それで4年生になって、卒業研究はFRP※6でちょっと変な自転車を作りました。実は、結局、元日産の森先生のゼミには入らなかったんですよね。作りたいものが決まってたので、材料工学を学ばないといけないってことで、青木先生のゼミに入って本当にたくさんのことを教えていただきました。だから千葉大ではカーデザインをがっちり学んだっていうよりは、森先生への憧れは残したまま、ものづくりをがっちり学んでいました。

サスペンションとステアリングを両方兼ね備えているようなシステムで、自分で特許も出して。乗り心地はほんと独特で、なんかグニャングニャンしていて、たわみでステアするっていう。ジャンプして飛べたりもするんです。留め具の金具とかも一個一個自分で切り出して、溶接とかも全部自分でやって、徹夜ばっかりしてました。

当時はほんとにシンプルな暮らしをしてました。まかない付きの居酒屋さんで夕方5時から朝の3時まで働いて、ちょっと寝て、学校行ってそのまま夕方の5時まで卒業研究作って、っていう。もう毎日それの繰り返しです。でも楽しかったですよね。

※6 FRP＝繊維強化プラスチックのこと。金属材料に比べ、比強度が大きく、軽量化が可能。

KOTA NEZU

卒業研究の作品

トヨタへ入社、留学先では映画やCGを学ぶ

そんなこんなでトヨタへ入ります。あの頃はゆったりしていましたね。バブルが弾けたタイミングだったと思うんですけど、まず、社会人としての研修が1ヶ月くらいあって。挨拶の仕方とか電話の出方とか名刺の渡し方ですよね。確か僕は電話の出方は満点だったと思います。その後、3ヶ月工場実習。ガチで工場で働きます。僕はカローラの足回りだったんですけど、作業が遅れると段々と背中にマフラーが刺さってくる（笑）。辛かったですけど、とても勉強になりました。そして3ヶ月半、ディーラー実習。地元エリアが担当になるんですけど、かっちりスーツ着て、個人宅まわってピンポン鳴らして名刺置いてくる、っていう。

まさに母校の都立西高校周辺をまわってました。ピンポン鳴らすと友達のお母さん出てきたり。暑い季節だったのを覚えてるんですけど、それもめちゃくちゃ勉強になりました。

そしてディーラー実習が終わると配属が決まるんですけど、そこからようやくデザイン研修が始まるんです。もう年の瀬です、みたいな。先輩が教育担当になってくれるんですけど、一番最初はいわゆる千本ノックですよね。学生時代にはそんなカーデザインを学んで描いてきたワケじゃないので、とうとうきたな、と思いました。ひたすら、直線のみをガーって描きます。それまでボールペンってなくなるまで使いきったこと無かったんですよ。それまでになんとなく使わなくなったりとか無くしちゃうとか。

でも、千本ノックでは1日に2本無くなるんで、「あ〜、ボールペンってちゃんと無くなるんだ」って（笑）。そこで初めてプロの厳しさを知ったくらいなんで今考えると甘いですよね。ただの直線をひたすら描いて、楕円や曲線をひたすら描いて。

さっき見せてもらったCar Design Academyのカリキュラムと似てるんですけど、パースの取り方とか、タイヤがどうやったらはまるかとかレンダリング描いたり、クレイやCADの実習があったり、色々と。それを4ヶ月やって、やっと正式配属になりました。僕が最初に入ったのはエキスパートチームっていう部署でして、名前は凄いんですけど、実際はエキスパートの人達に付いて学べ、みたいな感じです。最初は俺だけ再教育？と思っちゃいましたけど。

でも凄い面白いですよ。何をする部署かって言うと競作を作るんです。例えば、カローラ作ります、ってなった時にちゃんとした担当チームがいるんですけど、そこに当て馬を作るんです。より面白さとか過激さを求めるような。あとは、東京デザインやCALTYっていうカリフォルニアの拠点が競作を持ってきたり、ED2っていうヨーロッパの拠点だったり、時にはジウジアーロに頼んでみる？みたいな。

要するに社内のコンペチームですよね。とても面白かった。そんなことやってましたね。その後、シエナっていうアメリカのミニバンをやるチームに配属になって、そこで非常に良い上司の方に出会ったんですけど、その方がやたら「お前留学しろ。お前は留学した方がいい」って言ってくるんです。

僕は行きたいとも行きたくないとも言わなかったんですけど、周りの人は誰も行きたがらないんですよ。だから自然と僕が留学したい人みたいになっちゃって「そんなに行きたいなら行けよ！」って言われて。
そういう場合、普通はカーデザインを学ぶためにRCA（Royal College of Art）とかデトロイトのCCS（College for Creative Studies）とかカリフォルニアのアートセンター（Art Center College of Design）とか行くんですけど、僕はCGを活用して色々やりたいってことを強く言って南カリフォルニア大学[7]の映画・

テレビ学部に行きたかったんです。

中々、理解してもらえなかったんですけど、そこで僕に留学を勧めた上司が強力にプッシュしてくださって。今まで誰も行ったことは無かった大学なんですけど、許可がおりまして。実際行ってみると、ソフトの使い方なんて1ミリも教えてくれないんですよ。そんなのどんどん変わってくものだし、勝手にやれば？みたいな。そこは独学なんです。

ちゃんと教えてくれるのは、例えばディズニーから先生が来て、キャラクターの動かし方とかそういうのを教えてくれる。なるほどなぁと思ったのが、「なんでも急には止まらない」っていう当たり前のことなんですけど。例えば、ボールでも何でも良いんですけど、投げたらその後、必ず手って慣性で動き続けるじゃないですか。だからよりリアルに見せるための動きのアドバイス、みたいなことを教えてくれたりとか。それは今でも役に立ってますね。CGのアニメとか見たりすると、ダメなやつはスグ分かる。ただ、CGを学ぶって、カーデザインに直接関係してこないところなので、逆に凄い緊張しました。要は1年間留学して作って帰った作品が、遊んで帰って来やがって、って思われるんじゃないかっていうプレッシャーですよね。

まぁそんな感じで、一年間、半端なものは作れねぇっていう思いも凄いありながら勉強してましたね。絵コンテ作って、音とかも全部自分で付けてってやりながらCGで車のアニメーションを作って帰って来ました。帰国してから会社で発表があったんですけど、皆に見てもらったら凄い褒めて頂いて。今までの留学の発表で一番面白かった！っていう方もいて、よかった〜みたいな。

留学して帰ってきた後もCGアニメーションで色んなクルマのプレゼンテーション作ったりしていると、次に配属になったのがコンセプトカーを作る研究開発チームってとこで。SONYさんと一緒にやったITカー"pod"で、コンセプト企画とデザインをさせてもらいました。感情を表現し、時間が経つと成長していくというクルマとしては考えられない特徴を持つコンセプトカーです。

「進路を譲って下さい」「ありがとう」みたいな会話がクルマ同士でできたり、オーナーの運転テクニックを評価してくれたり。今考えると、podって名前も先取りしてますよね（笑）。その後、SCION（サイオン）※8 の立ちあげをやったり、愛・地球博でi-unitをコンセプト開発チームのリーダーとして経験させてもらいました。

　　　根津さんが出ていたTEDxSeedsの動画を見たんですが、うまく人を巻き込みながら、
　　　それぞれの力が最大限に発揮できるようにプロジェクトを進められていますよね？

そうですね、僕に騙された方々にはほんと申し訳ないですけど（笑）。でも、これが気持ちよく騙されたのか、くっそーってなるかは、このプロジェクトが最後うまくいくかにかかってる。関わった方々が、「これ、俺がやったんだ！」って誇らしげに言って頂けるか「あ〜、ほんと失敗したわ」ってなっちゃうかはこれからにかかってるんで、そういう意味では凄い責任を感じていますね。

zecOOは先日ドバイの展示会に出展して、それからビジネスの話も色々と進んでいます。あそこは色々とケタが違うことが多いので、何が起こるか分かんない面白さがありますよね。

※7 南カリフォルニア大学 ＝ 通称USC。アメリカ西海岸最古の私立大学で、米業界紙が選ぶ「世界の映画学校ベスト25」で1位。ジョージ・ルーカスやスティーブン・スピルバーグを始め、著名な監督を多数輩出している。

※8 SCION（サイオン）＝ トヨタ自動車が2003年からアメリカ合衆国（グアム、プエルトリコを含む）およびカナダで展開している自動車ブランド。クール＆スタイリッシュを志向し、若年層をターゲットとしている。

zecOO ©THE ELECTRIC MOTORCYCLE

今後について教えてください。

いずれにしても、zecOOは僕らのチームのイメージ的にも技術を集約するという意味でもフラッグシップです。これからはバイクに限らずなんですけど、ファブレス（工場を持たない）の自動車メーカーになりたいと思っています。

やはり、世の中への色々な乗り物の提案の仕方があっていいと思っているので、そこに力を入れていきたいなと。今のクルマよりも昔のクルマの方が良いっていう話もよく聞くんですが、あれって、ただ単に球数が減って珍しいから昔の車が良い、っていうノスタルジーじゃないと思うんです。昔のクルマって、キャラが濃い。

最近の車のディティールとかほんとに凄い綺麗だなって思うし、この面はモデリングすんのやだなーってくらい造形物としての美しさっていうのはあると思うし、大好き。その一方で、線の太いキャラクターっていうんでしょうか。

初期のミニとかビートルとか、もっと言うと軍用車とか、アイコンレベルでハッとさせるキャラクターの強さが昔の車にはあるような気がするんです。子供にも分かるとか子供が描けるとかね。そういうキャラクターの強さはフラットに見て、昔の車の方がどうしてもあるな、っていうのがあって。

僕も自動車メーカーに長く勤めていたんで、今の車はどうしてそうならないか、っていうのはもちろん理解しているつもりです。例えば空力の性能を上げなきゃいけないよね、安全性能大事だよね、外側は小さく中は大きくしたいよね、とか。合理的に考えていった場合に、当然答えは近しいところにくるんです。それは正義だし僕も認めています。でもそうじゃないものがあってもいいじゃん、って（笑）。

2012年にトヨタ自動車と共同開発したCamatte（カマッテ）は常識に逆らいながら、ある種ゲリラ的に作ってみたら、いいじゃんって言ってくれる人がいっぱいいた。ってことは、やっぱり人の気持ちっていうのは合

KOTA NEZU

Camatte 57s

http://en.wikipedia.org/wiki/File:Toyota Camatte at the 2013 Tokyo Toy Show -01- Picture by Bertel Schmitt.jpg より
© 2013 Bertel Schmitt

http://en.wikipedia.org/wiki/File:Toyota Camatte at the 2013 Tokyo Toy Show -05- Picture by Bertel Schmitt.jpg より
© 2013 Bertel Schmitt

理だけではなくて、愛せる感じだったりとか、ワクワクしたかったりとか、ちょっと違うんだぜ、って感じだったりとか、そういうことで動かされる。
そこを担うような、面白い車や乗り物を生み出していくファブレスのメーカーになれないかな、って思ってます。

個人的には多少燃費や性能が悪くても、最悪故障してもいいんで、
リーズナブルで楽しい車がもっと出てきて欲しいと思うんですが。

方法は色々あると思っています。小さく始めていって、どんどん良くしていく。故障してもいい、って言ってましたけど、僕が乗ってたクルマはほんとにそういう感じだった。そういういい関係で、お客様と育てあっていける、っていうやり方もあっていいと思うんですよね。そういうことやりたいなあって。

ストーリーや自分の想いを練り込んだクルマを描いて欲しい

カーデザイナーを目指す方々へメッセージをください。

今日もそうなんですけど、電話でインタビューっていう方法もあるじゃないですか。ですけど、今日こうやって実際にお越しいただいて、同じ空間をシェアしてお話しするってことは、電話でサッと済ますのとだいぶ違うと思うんです。

実際に会う、実際に何処かに行く、ってことの価値は当分無くならないと思うんですよ。最低でも向こう100年くらいは無くならないだろうなと。としたときに、実際に移動して誰かに会う、どこかに行くっていうようなことを実現するのがモビリティーっていうものの根源的な意味だと思うんですよ。自動車だけじゃなくて電車でも何でも良いんですけど。

その中で、特に自動車っていうのはパーソナルなもので、自分を代弁してくれる面もあったり、相棒のようであったり、洋服のようであったり。そんな様々なアスペクトを持つプロダクトって中々少ないと思うんですよ。

だから、カーデザイナーを志している方は、そこに意識的になって欲しい。「なんで僕クルマ好きなんだろう？」って。カタチがカッコイイから、でもいいと思うんです。確かにあんなに大きいもので、自由に造形をして、みんなに見せびらかしながら走れるなんて、そんなディスプレイはなかなか無いわけで。

車が持っている色んな要素のどこに自分は魅力を感じていて、どこを意識して伸ばしていくのかを深く深く考えてみる。移動体としての根本的な価値はもちろん意識しながら、自分の夢をどう乗っけて膨らましていくかっていうことも同時に考えていく。自分の視点です。人それぞれ違ってて、もちろん良い。

スケッチを描くって、ただの絵の練習かもしれないけれど、そこで1台生み出していることに変わりはないので、どうせ生み出すのであれば願いを込めた1台を生み出すほうがいい。絵をトレーニングしながら、このクルマのストーリーとか自分の想いを同時に練りこむっていう。こんなことを考えながら是非やってみて欲しいです。

そうすることで、薄っぺらいクルマじゃなく、こっちが見ててハッピーになれる、オッと思わすことが出来るクルマが作れるんじゃないかなぁと思うわけです。是非やってみて欲しいですね。

YOSHIHIRO
TOKUDA

INTERVEW
13

徳田吉泰 ─ カーデザイナー

Car Designer + Car Modeler　YOSHIHIRO TOKUDA

YOSHIHIRO TOKUDA

徳田吉泰＝1963年、名古屋に生まれる。高校卒業後、多摩美術大学に進学し彫刻を専攻。1985年、本田技術研究所にカーデザイナーとして入社し、様々な4輪のプロジェクトに関わりキャリアを積む。1995年、メルセデス・ベンツに移籍し、アドバンス部門で活躍した後、独立。現在はクロコアートファクトリーの代表として、ショーカーや特別車両、ルーメット[1]のデザインや製作をしながら、乗り物以外のロートアイアンの事業も手がけている。趣味はレースとサーフィンで、仲間と飲むお酒をこよなく愛している。

彫刻出身、自分の道は自分で作る

僕は、多摩美の彫刻科出身。でも車のデザインがやりたかったから、プロダクトデザイン科に授業受けさせてくれって直談判して。当時の多摩美ではカーデザインの授業なんかないですよ。カーデザイナーになるには、とにかくメーカーの実習を受けなくちゃいけないことは分かっていた。メーカーから学校に案内が行くんです。そのときは3名。僕はプロダクトデザイン科じゃないからその3名の枠に入れない。仕方ないので、ホンダの和光研究所までいきましたよ。

もちろんノンアポ。枠がないんだから自分で行くしか無いじゃない。自分の作品を持って突撃。手ぶらじゃダメだと思ったし、彫刻作品だけじゃダメだなと流石にわかってたから1/4の車のモックアップ作って。

そしたら総務課の人が出てきて、「ちょっと待って下さい」ってなんか騒然としちゃって。結局、実習っていうのがあるから、それを受けて下さい、ってことになった。それで、その年の多摩美は4名が実習に参加することになったんです。実習に参加すればもうイコールコンディション勝負ですよ。プロダクト科であろうが何だろうが関係ないんで。僕の時は40名くらいが参加してたかな。前期と後期で20名ずつくらい。1週間くらい寝泊まりしてスケッチ描いて発表して。最後の日だけウナギが出たんですよ。飯が最高に美味かったし食い放題だった。それで、結局40名中、8名くらい受かったのかな。4輪は多摩美では僕だけでした。

入社してすぐはデザイナーでも工場のラインに入る。それが終わったら希望を出すんです。僕は4輪のエクステリアを希望してて、しかもモデリングをやりたかったんで、カーデザインとモデルの両方をやってました。今とは違って仕切りがなかった。まだまだデザイン室の人も少なかったですからね。何でもやってましたよ。スケッチも描くし、金型削ったり、できるまで帰ってくんな、みたいな空気。最初はNSXのチームでその後はレジェンド。

　　　　　本田宗一郎さんもその頃はデザイン室に来ていたんですか？

そうそう、レジェンドを作っていたときに、本田宗一郎さんが料亭に乗って行ったんですね。あろうことかそれをアコードと間違えられたらしいんですよ。怒っちゃって怒っちゃって。その後、宗一郎さんのためだけに作ったモデルっていうのがあって、それを僕がやらされてた。

次は、シビック。その時に現場にどっぷり浸かれたんでテンション上がったね。金型とかボルト締めたりとか。

---

[1] ルーメット ＝ デザイン不毛のトレーラー業界に衝撃を与えたルーメット。見た人乗った人全てが笑顔になる楽しいトレーラーハウス。維持費も2年間でわずか27,900円。

YOSHIHIRO
TOKUDA

現場がめちゃくちゃ好きだからね。まぁ、言えないことも色々あるんだけど、3年目くらいで別の道に進もうと思ったこともあった。

例えばどんな道を？

彫刻はまだ作ってたんで、思い切って彫刻一本でやってみようかな、とか。会社で働くのもいいけど、自分で独立してなんかやりたいという気持ちもあった。あと、ペーター佐藤っていうミスタードーナツのパッケージイラストとかを描いたイラストレーターがいるんだけど結構好きだったんだよね。ボディーペインティングとか特殊メイクとかをＮＹでしてたんですよ。なんかわかんないけどメイキャップアーティストになろうかなと思って、青山に体験入学まで行った。そしたら、ちゃんと入学する場合には、メイク道具セットみたいなものを買わないといけないんだけど35万円くらいしたんです。同じ頃レースにもハマってたんで、その時ちょうどサスペンションをいじりたかった時期で。両方やるお金ないから、悩んだ末に勿論サスペンションを取ったんだけど、あの時にメイクを取っていたら人生だいぶ変わってるよね。でもその時思ったのは、こんな感じで車から離れると、結局深く理解しないままで終わっちゃうなと。それは嫌だったんだよね。作品はずっと作ってたし、展覧会の話とか来るから悩んだんだけど、やっぱりクルマ好きだったし、捨てられないなと思って。

そのあとも長くホンダにいて色んな経験もできたんだけど、もっと視野を広げないと、と思ってベンツに移籍したんです。有休消化して土日挟んだらベンツにいた。そこでは１年くらいですね。風土が全く違うので経験としても良かったですよ。例えばですけど、アドバンスが、本当にアドバンスなんです。ホンダのアドバンスはある程度実現可能なものなんだけど、向こうは本当のアドバンス。わかるかな。あと、ホンダは和気あいあいで、ベンツはシビア。

そんなこんなで96年に、独立しました。

ルーメットはいつ頃から作り始めたんですか？

ルーメットを作りはじめたのは本当に最近。最初はモーターショーの車作ったり、オートサロンの車作ったり。すべての自動車メーカーやりました。ある程度やりつくしちゃうと段々面白くなくなってきちゃった。ずっとこれ繰り返すのかな、って。今でもそうなんだけど、もともと車を作りたかったから、自社製品を作ろうって思った。それでいきなりルーメットってわけじゃなくて、一回車と全く関係のないジャンルで新しく自社製品を作ろうって。クルマ系でやっちゃうとほら、ずっと車だから。それでロートアイアンを始めた。5年位結構集中してやりました。

ロートアイアンの方が落ち着いてきたからルーメットを作りはじめたんです。今でも自分で車作りたいですよ。毎日言ってます。でも車作るって本当にコストも時間もかかる。用意周到に揃えていかなきゃいけない。その点ルーメットは動力が無いからスタートしやすかったし、色々なテストも兼ねている。トレーラーってデザイン不毛の地だったんで、そういう意味じゃ面白い。ルーメットで、販売システムを確立したり、法規上の問題をクリアしたりすることは全部、これから僕らが車を作ることにつながっている。

1台2台作って終わりじゃないじゃないですか。量産することに意義がある。この部分は、金型を作ってやるのか、どうするのか。ルーメット自体、自分で作ってるものなんで、何台売るのかも全部自分で想定して

ルーメット

計算して、値段を出していく。そういうことが僕らの目標である車を作る、というところに繋がっているという手応えがあります。

750キロ以下ということで、けん引免許も必要ないんですよ。色んな所でテストを重ねてフレームを強化したりしてやっているんで、2倍くらいまでは大丈夫なように設計しています。言い訳したくないんですよ。うちはちっちゃいとこでやってるんで壊れちゃっても許して下さいよ、とは言いたくない。お客さんは車を買ってるつもりでルーメットを買ってるんで、僕らもそこには応えたい。

大手自動車メーカーと同じプロダクションレベルに持っていくのは大変ですよね。でも今後、自分たちが車を作るときに活きてくると思ってるんで。

話は変わりますが、カーデザイナーの採用の仕組みについてどう思いますか？

これは伝えておきたいんだけど、募集がないところに応募したらダメ、というルールは一切ない。レールにはある程度乗ってたかもしれないけど、最後に自分の枠は自分で作った。自分の人生がかかってるのに、ポートフォリオを持って勝手に突撃しちゃ総務が手続きに困るからダメ、っていうんだったらそんな寂しい話はない。

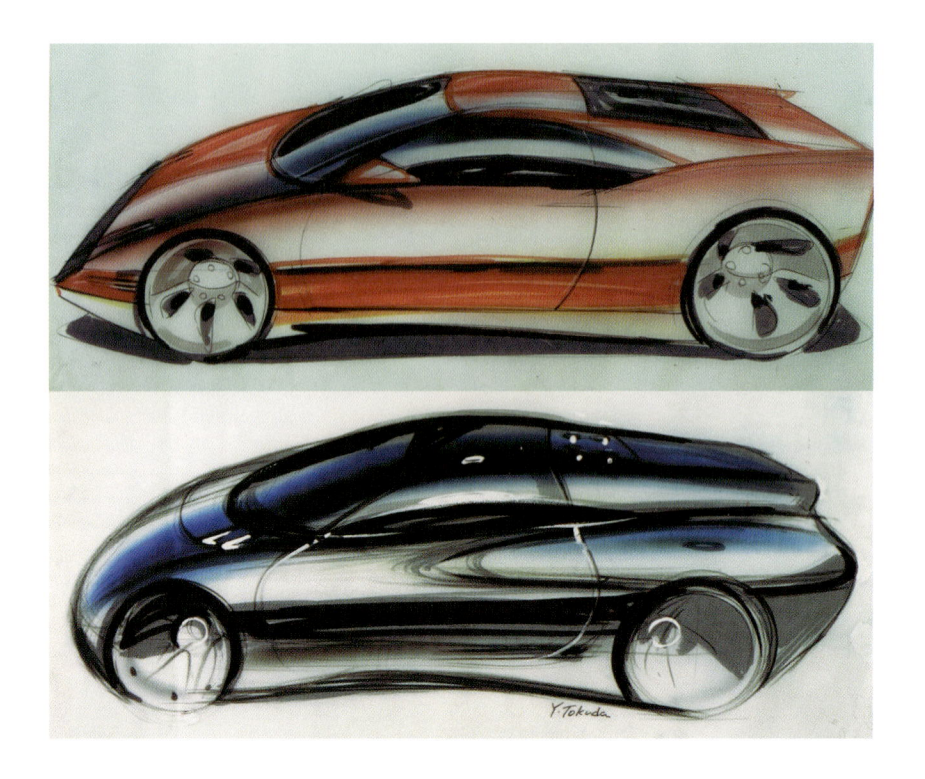

今の新卒はつまらん、って言われていることもある。それはどうしてかというと、面接1つとってもワンパターンに見えちゃう。こう答えなさいとかマニュアル化されてるところが多いのかもしれない。スケッチはものすごくうまくて僕らが自動車メーカー入った時より全然うまい。ちゃんとスーツ来て会社に行く、ってだけでも凄いな、と思うもん。

それって今は当たり前のことのようになってるじゃないですか。僕らの時は違った。ツナギのままでいくとかそういう感覚だったから。なんでスーツ着なくちゃいけないんだとか。でも誰も答えられない。もし僕が面接する立場だったら、その人が普段どんな格好してるかとか、見たいよね。何が好きかとかセンスとか凄くわかる。

デザイナーとして本当の快感を味わって欲しい

僕は自分で自分のことを"カーモデナー"っていうんですよ。カーデザイナーとカーモデラーを掛けあわせた言葉なんですけど。自分的には両方やりたい。メーカーに入れば、自分のスケッチを具現化する人がいて、って思ってるんだとしたら、それは捨てて欲しい。車って出来上がったらスケッチは架空のものになってしまうんですよ。出来上がるものは冷たい鉄板をプレスした立体なんだから、やっぱり立体の細部に魂は宿る。

画期的なアイデアってもうほぼ無いですよ。全て、様々な制約の中でデザインする。だからこそ、コンマ2、3ミリ違うだけでハイライトの入り方が良くも悪くもなる。スッと入ったハイライトが、他のどこかのラインとスッと合う。

そういうところっていうのは最終的に立体で具現化されるところ。カースタイリストになっちゃいけない。カーデザイナーでないといけない。立体とガチンコ勝負できるデザイナーにならないと。意味のない、機能も全く関係してないファッションだけの造形っていっぱいあるんですよ。そういうのはカースタイリスト。カッコいいスケッチなのに、出来上がりをみると全然カッコよくない、ってギャップあるでしょ。そのギャップを埋めるのが本当のデザイナーの仕事。上手く描くことだけみてちゃダメ。

カッコいいスケッチありますよ。ホイールアーチピタッと入って、キラキラっとしたハイライトが入って、じゃあ実車出来ました、どっちがカッコいいんですか？ デザイナーは、やっぱり実車のほうをカッコよくするところまでが仕事だという意識を持たないと。そうじゃないと、カースタイリストとか、カーイラストレーターってことになってしまう。そこを若い頃から意識して欲しい。デザインできるのりしろってもう本当に少ないですよ。コストの問題だったり色んな制約があるから。実際のカーデザイナーとして働いたことがないと分からないと思うけど、この部品を使って、とかこのプラットフォームを使って、とか最初から決まってることも多い。

その少ないのりしろの中で勝負するには立体を重視しないと。モデラーはもっとこうだったらいい、っていうポンチ絵くらいは描けないといけないし、デザイナーは本当のモデルのオイシイところ、快感を味わってもらわないと。ちょっとしたことで雰囲気が変わって激変するんで。オイシイところは人任せの意識じゃダメだよね。

そのためにはお父さんの車を洗車したりプラモデル作ったりして触れてみて立体を理解するんですよ。ちゃんと触る。プラモデルなんかいいですよ。裏からも見れるし。ゴールはどこなのかっていう話。描くだけじゃなく、ちゃんと立体になるわけだから、学生の頃からでも意識してそこを見ておかないと。

SANTILLO
FRANCESCO

INTERVEW
14

カーデザイナー
サンティッロ・
フランチェスコ

Car Designer　　SANTILLO FRANCESCO

SANTILLO FRANCESCO

サンティッロ・フランチェスコ＝1967年イタリアローマ生まれ。1989年にIAAD（工業デザインの専門学校）を卒業し、同年、イタルデザインの関連会社であるフォームデザイン入社。その後、1991年にイタルデザイン入社。1994年にピアッジョ、1995年にイタルデザイン、1998年にメルセデス・ベンツと渡り歩き、1999年、トヨタ自動車に入社すると共に来日。2004年に本田技術研究所へ転職した後、2007年、株式会社ネプチューンデザインを設立。現在、クルマ・バイク・自転車をはじめ、様々なプロダクトのデザインとコンサルティング業務を手掛けている。

鉄細工職人の息子

1967年、私はイタリアのローマで生まれました。その後、すぐに父の故郷南イタリアのサプリに移り、10歳までそこで過ごしました。とても海が綺麗で良い所ですよ。いわゆる港町です。鉄細工の職人だった父を横目に、毎日、自転車をいじったり絵を描いたりしていました。その頃から、デザインはいつも私の周りにあったんですね。5歳のとき、小さな街でスポーツカーを見つけました。ドアサイドには、Giorgetto Giugiaro[※1]。

マセラティ・ボーラ[※2] は、貧しい南イタリアに突然現れた未来の乗り物、という感じでした。「自分の名前が入ったクルマに乗ってみたい」これが、私がカーデザイナーを目指すきっかけとなった出来事です。

その後、父が転職したので、母の故郷、スカレア[※3] へ移ることになりました。高校までは、3人の弟たちと共に親元で過ごしました。高校は家から70Kmも離れた工業高校の電気機械科。デザイン科はありません。お小遣いを全て自動車雑誌につぎ込み、絵は、独学で続けました。

私が絵を描いていると、「夢で飯が食えるか！地道に働くことを考えろ！」と先生たちに言われました。そんなある日、私はいつもの通り道を愛車モペットで走っていたんです。突然、横から出てきたクルマにはねられました。大腿骨を骨折し、全治3ヶ月。そのような事情を全く考慮してもらえず留年することになりました。ベッドに横になっているしかない3ヶ月の入院生活。その間は、自動車雑誌を読みふけることと絵を描くことに集中しました。後にデザイン学校に合格できた一因、と思っています。3ヵ月後退院し、新しい同級生たちと共に2度目の4年生を迎えることになりました。相変わらず授業中はクルマの絵ばかり描いていて、先生に怒られていました。

ただ一人、独学でIAADへ入学

雑誌に載っているカーデザインコンテストには、すべて応募し、何度も入選しました。それだけで嬉しかったですね。友人達が就職を決める中、私は就職活動をしないまま5年生を終え、IAADを受験しました。学校は、新入学をあと1ヶ月後に控えた7月だったため、すでに定員に達していました。そんな時期の入学希望。「南の田舎者！」と非常識をなじられましたが、運よく作品を見てもらえました。私は、コンペの入賞

※1 Giorgetto Giugiaro ＝ ジョルジェット・ジウジアーロ。イタリアの工業デザイナーで、イタルデザインの設立者。数々のデザインプロジェクトを手がけ、1999年にはカー・デザイナー・オブ・ザ・センチュリー賞を受賞し、2002年にはアメリカ・ミシガン州ディアボーンの自動車殿堂（Automotive Hall of Fame）に列せられた。カーデザインアカデミー監修の栗原典善氏も、同氏のもとにかつて在籍していた。

※2 マセラティ・ボーラ ＝ 1971年から1980年まで生産された高級スポーツカー。当時親会社であったシトロエンからの提案を受け、ランボルギーニ・ミウラに端を発したスーパーカーの条件とも言える「ミッドシップ・2シーター・スーパーカー」というコンセプトを踏襲し、プロトタイプティーポ117を制作。デザインはジョルジェット・ジウジアーロが担当。

※3 スカレア（南イタリア）＝ イタリアの産業は、北イタリアに集中しており、学校はおろか、仕事もほとんど無い地域で失業率も北の4倍。その中でもスカレアは、北イタリアの人々が夏のバカンスを過ごす別荘地となっている。

作品や描きためていた作品から、よりすぐったものを提出しました。「絵はどこで勉強したのか」と聞かれ、「独学です」と答えて面接は終了。受験者はみな、すでに絵を専門的に学んできているんだ、と知りました。

帰宅して数日後、合格通知が自宅に届いたんです。ただ、入学金や学費、生活費を合わせると、父の年収を越えてしまいます。弟が3人もいましたし、たとえ学校を卒業しても確実に仕事に就けるか不透明です。学校へ断りの電話をしている父が受話器を置き、「今からトリノのおじさんのところへ電話する。2年間おじさんの家にお世話になれ」と私に言いました。

耳を疑いましたよ。目が熱くなりました。「学費はすぐでなくていいですから、息子さんを我が校に預けてください」と学校側から申し入れがあったのです。1987年、親戚のサポートもあり、無事IAADへ入学しました。

Istituto d'Arte Applicata e Design Torino。通称IAAD。学校の講師はFIATなどのメーカーや、ピニンファリーナやイタルデザインなど有名カロッツェリアで働く現役カーデザイナー達です。講師は、仕事を終えてから教えに来るので夜間になります。現役カーデザイナーから、直接指導を受けられることはすばらしい体験でした。更に将来、カーデザイナーになれば、その後の人脈にもなります。ちなみに私も後に、母校でデザインを教えましたよ。あまり知られてないのですが、イタリアは、南北にとても長く、南イタリア出身者に対して「テローネ」という侮蔑用語で呼ぶことがあります。同級生の殆どは、学校が終わるとパーティーだ、コンパだとみんなが教室を後にしても、私はひたすら画を描いていました。

もちろん、彼女はいません。結果を出さなければスカレアへ帰れない、というプレッシャーを自らに課し、毎日一生懸命練習しました。イタリアでは、就職先は卒業後に決まることが多いのですが、私はそのおかげで、卒業前にジウジアーロデザイン関連の会社へ就職が決まり、学校もトップの成績で卒業することができました。

ジウジアーロデザインは、クルマ以外のプロダクトをデザインする会社です。クルマのデザインは、イタルデザインが行います。カーデザイナーではなかったけれど、ジウジアーロには一歩近づきました。入社してからはとても忙しかったです。カメラや電車、クルマのリアなど様々なものをデザインしました。日本のテレビ会社のニューススタジオもデザインしたんですが、何パターンかのアイデアを提案したところ、その1案がジウジアーロの目にとまりました。それまでにも、作品をジウジアーロの元へ持ち込んでいました。同僚たちもみな同じようにしていました。なのでジウジアーロから直接、「私の元へいらっしゃい。イタルデザインへ」と言われたときは、震えが止まりませんでした。

それが、私が、念願のカーデザイナーとなった瞬間でした。

私の中に刻まれたジウジアーロの言葉

1991年5月、私は晴れてイタルデザインの一員となりました。南出身のデザイナーは、珍しい存在だったけれど、スペイン人、韓国人、そして日本人も2人いました。イタルデザインで働くカーデザイナーは、常時12、3人くらい。それだけの人数で、世界中のクルマをデザインします。3プロジェクト並行は当たり前。一人ですべての工程をこなします。「デザインは、憧れの対象でなければならない。そして、実用的でなければならない。」ジウジアーロの教えです。私は、ジウジアーロデザインのマセラティ・ボーラに憧れて、クル

SANTILLO FRANCESCO

マが好きになり、カーデザイナーになりました。クルマが、ただ人や物を運ぶツールに過ぎず、見る人が憧れを抱くデザインでなければ、若い人がクルマに興味を持たなくなります。クルマは、洗濯機や冷蔵庫のように絶対必要というものではないので、憧れのないところに、進歩は生まれないと考えています。

コンシューマーを失えば、デザイナーも生まれなくなるのです。かっこいいとは何か。デザイナーは、その概念を言葉の羅列ではなく、形で表現します。「かっこいい」か「かっこ悪い」か。それのみが判断基準。どうかっこいいのか、どうかっこ悪いのかの議論はしません。そんな議論は不要ですから。ジウジアーロは私のような新人の意見でも、よいと思えば認めてくれます。「デザイナーは技術者である」これもジウジアーロの教えです。技術あってのデザイン。飾るだけのデザインはしません。意外に思われるかもしれませんが、クルマのデザインは窮屈で制約がとても多いのです。カーデザイナーは、パッケージからはみ出さないデザイン力が必要です。たとえば、見た目はコンパクトでも、容量は大きくしないといけない。

Ferrari612のスカリエッティがベースのFerrari GG50。スカリエッティより全長は短いけれど、燃料タンクの配置をリアシート後ろからトランク下へ移して、容量はそのままを保ちながらコンパクトに見せています。さすがジウジアーロです。「50年カーデザイナーをやってきて、初めて自由にクルマのデザインをした」とも。コンパクトがいいのはクルマだけではなく組織も同じです。1台のクルマに大勢で携わると、そのクルマの個性は乏しくなるし、出来の良し悪しの責任の所在が曖昧になる。

イタルデザインに入社してしばらくすると、ジウジアーロの元で仕事をする機会に恵まれました。その上、クルマはMaserati3200ＧＴ。まさに「ジウジアーロの元でマセラティをデザインする」という目標の第一歩です。マセラティ3200ＧＴは、フィアット傘下からフェラーリの傘下となった第一弾のクルマ。新生マセラティ。メーカーも力が入っていました。本当にエキサイティングな仕事でした。それと同時に私は、デザイナーにとってメーカーの経験は必要だと考えるようになっていきました。そんな時のピアッジョからのオファー。ベスパで有名ですが、元々は船舶や航空機の会社。第二次大戦後、二輪を開発し、ヨーロッパ最大手のバイクメーカーとなりました。オファーの際、「大型バイクのデザインをして欲しい」と誘われ、思い切って転職しました。企画からデザイン、製造管理、工場出荷まで、製造工程の初めから最後まで関わることができました。私にとって、バイクのデザインはまさに憧れ。しかし、大型バイクのプランは延期に継ぐ延期でスクーターデザインの日々。当時のピアッジョは、スクーターのみのラインナップだったのです。そんな時、私が失意のどん底にいることを聞いたジウジアーロが、再び私をイタルデザインへ呼び戻します。1995年11月、あまり例のないことでしたが、私はイタルデザインへ戻りました。

製造の上流から下流までを知るために日本へ

イタルデザインへ再入社後すぐに、プロトタイプFiat Formula 4を担当しました。今でも、カーデザイナーなら誰もが知っているクルマではないでしょうか。同じ会社でも、メーカーで異なる経験をした後に戻ってくると、それまで見えなかったことが、見えてきました。1998年7月、私はコモ湖畔にあるメルセデスデザインスタジオに移ります。パワーボートのデザインも個人的にやったりしました。しばらくして、メルセデスドイツ本社へ異動の内示が出たのです。

正直、食事や気候に不安がありました。しかし、メーカー勤務の経験は、まだ満足いくものではなかったので、寒くない土地のメーカーへと慌てて次の転職先を見つけねばなりませんでした。そんな時、トヨタがニースに新拠点を出すことを知ります。すぐに連絡を取り、当時の責任者に会い面談をしてもらい内々で採用が決

Fiat Formula4

まりました。ところが偶然にもトヨタの本社でも全世界に募集がかけられているので、ニースの担当者がトヨタ本社へも応募書類を送付しました。書類が通り、最終選考の6人に残り、気楽な気持ちがよかったのか、通ってしまったのです。

本社の試験のほうが優先されるので、ニースではなくトヨタ本社で採用されることになったのです。世界中から100人くらいの応募があり、合格したのは私一人、ということを知ったのは、入社して1年も経ったころです。そういうことがあり、私は日本へ行くことになったのです。勤務地は、豊田市。トヨタの良いところは、人とのコミュニケーションを大事にするところです。個人的には、本社に在籍していたこと。そして独身寮に住んでいたこと。窓はひとつで、トイレもバスルームも共同だったけど、そのおかげで様々な部署の人たちと交流できました。トヨタには300人を超えるデザイナーがいますから、他部署の人と知り合うことは容易ではなかったので。

実は私は、PCを使ってデザインをしたことがありませんでした。初めての社内コンペで、手描きのデザインを提出したところ、みんな"新鮮でよかったよ"と褒めてくれましたが、「これはマズい」とPhotoshopの勉強を始めました。ソフトは日本語、先生も日本人。そしてイタリア語しか話せない私。日本での生活がトヨタでスタートしたのは本当に私にとって良かったです。今は独立しましたが、ツナグデザインの根津さんともトヨタで知り合いました。

日本で感じたこと、世界との違い。

私は、常に会社員としてやっていくか、独立するか真剣に考えていました。そして時代は2Dから3Dへ移行していました。3Dソフトを駆使できるようになりたいと思い、インストールしてもらいました。インハウスデザイナーは、部内でかなり分業されてしまっているので、3Dデータ作成まですることはありません。設計者同士なら設計図で、デザイナー同士ならスケッチで話ができます。しかし、独立したらデザイナーではない人にデザインを見せ、説明しなければなりません。3Dは必須スキルです。日本のメーカー内にいて感じ

たこと。ひとつは、先に完璧な図面を引かなければ、前に進めないこと。図面通りに仕上げようとすること。これくらいの容量でこれくらいの予算で。しっかりとしたアイデンティティがあれば過程の中での変更も可能なのに、と思います。デザイナーが信頼されていない証だと感じます。機能性能のいいところが日本車のアイデンティティ。裏を返せば、製品がすべて。日本のクルマは高品質なのに低価格です。高品質なのだから、デザインという付加価値をつけて高く売らなければ、いつまでたってもブランドは確立しない。
デザインも機能の1つだと気づいて欲しいです。デザイン力が弱いと、製品のイメージ力も弱くなってしまいます。もうひとつは、分業されすぎていること。日本人は、なんでもコンパクトにしてしまう良い所を持っているのに、コンパクトなものを作るのに、大きな組織を要します。イタリアでは、デザイナーがアイデアからデザイン、モデル製作、製品化まで関わります。デザインをポンと渡してしまって変更されてしまうと、デザイナーはその結果に責任が持てません。だって、自分でデザインしたものと違うんですから。これでは、技術のことがわかるデザイナー、デザインのことがわかる技術者がいなくなってしまいます。イタルデザインが、単なるデザイナー集団ではなく、モデル製作もセットで行う会社をコンセプトとしていたのは、ここにあると思っています。

ロゴがなくてもどこのクルマかわかるクルマを作っている会社は、デザインのアイデンティティ確立に心血を注いできました。似通った性能のクルマを他社と差別化するには、デザインしかないからです。また、手描きスケッチの機会が少なすぎるのも問題だと思います。トヨタでもホンダでもドラフトテーブルを使っていたのは、私一人です。ペンタブレットでPCに描いても、ペンで紙に描いても同じ、と思うかもしれませんが、描き直す際に違いがでます。ペンタブレットでは間違えたり、気に入らなければその部分だけ消去、変更することができます。

しかし手描きは、また一から描き直さなければならない。絵がうまくなりたかったら、手描きスケッチをたくさんこなすことです。その後に、PCの操作を勉強する。あと、レンダリングに時間をかけない。レンダリングに時間をかけるということは、字（レンダリング）はうまくなるけれど文章（デザイン）はうまくなりません。

イタリアの場合、いいデザイナーはどんどん外に出て、その会社のいいところを吸収しながらキャリアを積

んでいきます。逆にキャリアのある人が流動することで、会社も成長していく。しかしデザイナーはある時点で、積んだキャリアをどう活かすか決めなければならないときが来ます。私はトヨタとの契約終了後、日本とフランスのメーカー2社の試験に合格しました。どこで独立するか。そしてどこで生活するか。「独立するなら日本で」と強く思った私を受け入れてくれたのは自由な社風で知られるホンダでした。

ホンダには、私の大好きなバイクがあります。ホンダのクルマは、低床・低重心ミニバンで、容量は大きくてもコンパクトが特徴。低床・低重心はスポーティー感を与えます。私はホンダに入社することを決意しました。勤め先を変えることが多かったですが、飽きっぽいわけでも、いい加減なわけでもありません。一人気張らず、時の流れに身を任せて進んでいるその道が、自分の本当の進むべき道ということもあるのだと強く感じます。デザイン会社、メーカーのどちらも経験しました。イタリアだけでなく、日本でも企業勤めができました。

リアルな経験を重ねること、アナログなものを軽んじないこと

コンセプトを明確に打ち出すことのできるデザイン会社、企画から参加できるメーカー。どちらにもそれぞれの良さがあります。

もっと、コンシューマーに近づきたい！どうやら私はそう思ってしまった。多分、多くの製品を作っている日本に来たことで、カーデザイナーの経験を活かしたデザインの世界が他にあるのではないか？とひらめいてしまったのかもしれません。

独立するには、人との出会いが重要だと感じます。私を起用し、第一線で活躍させてくれたトヨタやホンダの方々、そしてなによりジウジアーロに恥をかかせられないですから。

カーデザイナーを目指す人に向けてのメッセージをください。

デジタルはあくまでツール。ソリューションじゃありません。自分の目で、肌で、五感をフルに使ってリアルに感じて下さい。そのような経験が、デザイン力に大きく影響してきます。アナログなことは、なんでも時間がかかるかもしれませんが、人の感情は決してデジタルではないのですから。

独立すると、お客様の希望を聞きながら、ササっとスケッチで具体例を示すことができるかが大事になってきます。スケッチは体で覚えるもの。一朝一夕にはうまくなれません。アナログなテクニックを軽んじないこと。それを常に頭に入れておいて欲しいです。また、デザインは、売りたいもの、作り手都合のデザインをしてはいけません。伝えたいものを形や機能に、情熱と誠意をこめてデザインするのです。売りたい！と思ってマーケティングに頼ると、コンシューマーに媚びたものになってしまいます。

その時は喜ばれてもすぐに飽きられる。今ある息の長い商品は、新規開発のときから社内からの抵抗が大きく、決してすんなり製品化されていなかったのではないでしょうか。私もそうですが、そういう製品を消費者に提供できるデザイナーが多く育って欲しいと思います。デザイナーは地味で目立たない仕事だけれど、デザインした製品は、ずっと残ります。主役は製品。デザイナーは縁の下の力持ち。製品が徳川吉宗、暴れん坊将軍なら、デザイナーは「じい」、です。私は一生デザイナーとして生きたい。だから独立しました。デザインは、私の人生そのものですから。

Car Designer
TORU ODAGIRI

Car Designer
MIKI HATTORI

Car Designer
TULLIO LUIGI GHISIO

Mercedes-Benz Advance Design Director
HOLGER HUTZENLAUB

日本を飛び出せ

GLOBAL PLAYERS

TORU
ODAGIRI

INTERVEW
15

カーデザイナー
小田桐亨

Car Designer　TORU ODAGIRI

TORU
ODAGIRI

小田桐 亨 = 1975年生まれ。千葉県出身。高校卒業後すぐに東京コミュニケーションアート専門学校（以下TCA）[※1]に進学。1996年4月から翌年の3月まで、イタリアのルオーテO・Z社[※2]に推薦派遣でデザイン研修を受ける。1999年5月、フィアットのアドバンスデザインにて、アルファロメオユニバーシティ・ステージに参加し、2000年1月、日本人初となるアルファロメオのデザインセンター、チェントロスティーレに就職。様々なプロジェクトに関わった後、2004年、とある国内メーカーのデザインが目に留まり、帰国を決意。現在は、その国内メーカーにてカーデザイナーとして活躍している。ちなみに、アルファロメオのSUVが発売されるのでは、とコンセプトカーKamal登場以来ささやかれ続けているが、小田桐さんはそのKamalを担当していたとAuto&Designでも公表されている。

描いて描いて描きまくった専門学校時代

クルマに囲まれた環境、っていうわけでは特になくて、ただのサラリーマンの家庭でしたけど気づいたらすでにクルマは大好きでした。小学校2年生の頃に、クルマに詳しい友達がいて、どんなクルマでも知ってるんですよ。本当にめちゃくちゃ詳しい。暇があれば、その友達と車種名をあてるゲームをしてたのが特に印象深いですね。

クルマ関係の仕事に就きたいなとは思ってたんですけど、その頃はまだカーデザイナーという事は意識してもいないし、知らなくて。高校2年か3年生くらいの頃に"すべて本"ってあるじゃないですか。"新型○○のすべて"みたいなクルマの本。開発のストーリーとかが書いてある。それを見て「あ、クルマってこういう風に粘土で作ってるんだ、デザインされていくんだ」って知ったんです。

よくある話ですけど、授業中はずっとクルマの絵ばっかり描いてましたから、絵は得意な方だったんですね。鉛筆で描く落書き程度のものですけど。

なので学校に入ってから驚きました。鉛筆を禁止されてボールペンしか使っちゃいけないって言われて。鉛筆と比べて描きにくいんですよね。ごまかしが効かない分うまくなるんですけど。

当時はモデラーになろうと思ってたんです。進路を決めるときに、偶然TCAのことを知って体験入学をしたんですけど、そこで1/20のモデルを作らせてもらったんですね。それが楽しくて楽しくて。もうこの仕事しかないと思ってTCAに願書をだしてカーモデラー専攻で入学しました。ただ、1年生の夏頃には、先生にお前はデザイナーの方だ、ってカーデザイン専攻に変えられちゃって。

入学当初のレベルとしては、素人にしては上手い方だと思ってたんですけど、周りには大学を志望していて絵の予備校とか通ってた方もいて、そういう人には敵わないなって感じでした。

※1 東京コミュニケーションアート専門学校 = 略称、TCA。カーデザインを学ぶ4年制の自動車デザイン科は長い歴史を有し、卒業生の多くがトヨタ、日産自動車、ホンダなどの大手自動車メーカーの研究開発デザイン部門への就職を実現している、日本屈指のカーデザイナーを輩出する専門学校。
※2 OZ S.p.A. = 1971年、イタリア北部に位置するヴェネト州のガソリンスタンドで働くシルバノ・オゼッラドーレとピエトロ・ゼンによって設立された世界的ホイールメーカー。スケッチ（125ページ左）は、OZ時代に小田桐さんが手掛け、量産された作品。

TORU ODAGIRI

TCAはすごい練習量だとよく聞きますが？

少し大げさですが、ご飯食べてる時と寝てる時以外はクルマを描いてたっていってもいいくらい描いてました。朝から晩まで。電車の中でも描いてました。やっぱり周りにライバルと思える存在がいるということが大事だと思います。一人だったらそこまでできなかったかもしれません。

頑張っている近しい先輩を見ると、やらなきゃいけないと自然に思いますし。

ただ、そんなことを言っておいてなんですが、桑原[※3]さんに「1年の頃から先生にどんどんスケッチとかレンダリングを持って見せにいけ」って言われてたんです。ですが、結構引っ込み思案というか、地味なタイプの人間なんでなかなか持って行けずにいたんですよね。

先輩の卒業制作を手伝うこともうまくなったキッカケのひとつでした。桑原さんは当時からズバ抜けていたんで大人気。手伝いたい後輩がたくさんいて大変でした。塗り方は桑原さんの影響を強く受けました。他にも2輪を専攻している先輩の卒業制作を手伝ったり。そういうことを通して技を盗める環境にあったのは良かったですね。サインは誰々のを真似して、とかって皆やってましたね。学校では、0から100まで描き方を教わるんで、そのとおりにひたすらやってうまくなる、みたいな感じなんです。当時は海外の人がどういうスケッチを描いてるかっていう情報はカースタイリングくらいしか無かったんで、カースタみて必死に研究したりとか。

あと、クルマ10個、インダストリアル10個、建築10個を2週間ごとに描かないといけない授業があったんですけど、企業プロジェクトとも併行してるんで、とてつもない量なんですよ。夜中2時とか3時頃までとにかく描いてました。

イタリアで学んだ事

3年生の冬、先生からホイールメーカーのOZ社に行ってみないか？と言われたことがきっかけで、イタリアに行くことになりました。僕自身は、ホイールメーカーでいいのかっていう思いがなかったといえば嘘になるんですけど、行ってみたら本当にいい会社で勉強になりました。イタリアはご飯も美味しいですし。当時はイタリア語はもちろん話せなかったんですが、先生をつけてくれて少しずつ勉強しました。そこのボスがフランス人だったんですが、画の勉強をしてないんです。なので僕らが学校で習ってきたような、綺麗に線を引いて、っていう描き方ではなく、ロットリングで、細かいピッチでフリーハンドで何本も線を重ねてガリガリ描く。

お世辞にも上手いとは言えないんですが、そのボスが1分の1の画を描いて、ってやっていくんですけど、とんでもなく美しいものが出来上がるんです。スケッチは無茶苦茶だけど、ちゃんと良い物を作る。日本の感覚だと、とりあえずイラストがうまくないと、選考される土俵にのれないっていう感じなんですけど、イタリアはデザインの学校も少なくて、建築とかから入る人も多い。描けない人も多いんですけど、できてくるものがとても綺麗で、イタリアはイタリアでいいな、と思いましたよ。頭の中にちゃんとあるんでしょうね。うまい画を描いてなんぼという世界で自分は育ってきたんだな、と感じさせられることは多かった。デザインも違うし、人も環境も働き方も自分の想像外のことが多かったので、色々とリセットさせられたような気分でした。ホイールは車と違って、開発から量産までがすごく短いのも経験を積むという意味では良かったと思っ

※3 桑原さん ＝ カーデザイナー桑原弘忠さん。TCA出身で、小田桐さんが1年生の頃に桑原さんは4年生という、先輩後輩の間柄。本誌14ページ以降参照。

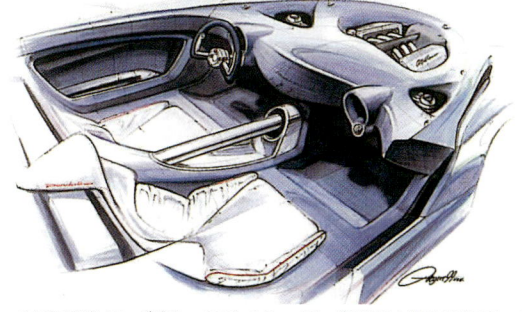

小田桐さんがOZ時代に量産された作品　　Fiatのアドバンスト・デザイン・ユニバーシティ・ステージに参加した際のアイデアスケッチ

てます。寮に2人で住みながら、朝は7時半ごろに起きて、出社して、昼休みは1時間。18時に仕事を切り上げて、会社の人と飲みに行ったり、家でスケッチを描いたり。

そんな感じだったのですが、僕はやっぱりクルマをデザインしたいと言い続けたんです。会社からはうちで働かないか？って誘われてたんで、生意気なんですけど。会社の株主に、ピニンファリーナとの繋がりがある方がいて、作品持ってきてみれば？と面接を受ける機会を得ることができました。
当時パソコンが無かったんで、全部手書きでB3サイズを10ページくらいですかね。あまりページ数が多くても見る人も嫌になるだろうと思ったので、厳選して厳選して10枚ほどに絞って。会社で働きながら、1ヶ月でブックを作って面接にいったら、3ヶ月の研修に参加することになりました。

印象に残っているのは、ある日、スタジオでスケッチをしていたときに、ダビデ・アルカンジェリのスケッチを見せられたことですね。こういう風に描いてみたら？って渡されました。残念ながら若くして亡くなってしまったのですが、世界一美しいと言われたプジョー406クーペやBMW5E60、ホンダのアルジェントヴィーヴォというコンセプトカー等を担当したデザイナーです。そのスケッチのテイストには影響を受けました。それまでの僕の描き方は、コントラストを強めに効かせた遠くから見てもピックされるようなスタイル。ダビデ・アルカンジェリのスケッチは、コントラストを抑えてより実車っぽく見える綺麗な描き方でした。

濃い3ヶ月で、多くのデザイナーから影響を受けることができたので良かったと思っています。

そこからどうやってアルファロメオへ入社できることになったんですか？

ビザが切れてしまうとイタリアにいることができません。なのでピニンファリーナの研修が終わって、一度OZに戻ることになったんですが、ピニンファリーナの研修が終わるまでに、イタリアのメーカー全部にポートフォリオを持って行きました。

その時は実らなかったんですが、アルファから「研修を実施するから来ないか」と声がかかったんです。ただ、そのスケジュールがどうしてもOZの業務があって抜けられなくて、参加することができませんでした。参加することはできなかったんですが、その研修のテーマは知っていたので、勝手にアルファのコンセプトカーをデザインして担当者に見てもらうってことを繰り返しました。ゲリラ的に勝手に見せにいくんです。俺もこのプロジェクトやらせてくれって。
ただ、それが功を奏して、途中からそのプロジェクトに入れてもらうことができました。1/4、1/10モデル

Fiatのアドバンスト・デザイン・ユニバーシティ・ステージに参加した際の1枚。左から4番目が小田桐氏

を作らせてもらって、最終案の開発に残ることができ、1/1モデルを作ってボローニャのモーターショーに出品。その後、そのままアルファロメオに就職することになりました。

毎回毎回環境が変わる度に驚くことが待っているんですが、アルファロメオも例外ではありません。まず、「この会社、朝からお酒を飲んでいいんだ」っていう。ワールドカップの時期なんかはプレゼンルームを開放してでっかいプロジェクターで観戦したり。今はどうなのか知らないですが、当時はそんな感じだったんです。悪い意味じゃないですよ。

クルマの画を描いて、色塗って、それがすごい！とかは特に重要じゃなくて。そんな事よりもライフスタイルを含め生活を楽しんでいるか、人間的に魅力的かどうかの方が重要という風土。ひたすらスケッチしてうまい画を描いて、って人のことを皆なんとも思ってない。特にアルファはそうだった。カロッツェリアの人達はまた違う風土があると思います。

いままで、僕はどんなことに対しても、わりと真面目に取り組んでいくタイプだったので、驚きましたね。そういうのって自分で行ってみないとわからないじゃないですか。アルファロメオの受付の人は英語が話せなかったんですよ。イタリア語だけなんです。他の国からの来客とかどうしてたんでしょうね。信じられないけど、そういう感覚が当時の向こうでは当たり前だったんです。そもそもイタリアに渡ったのもそうですが、カーデザインをするにあたって、自分が一番成長できる環境を探し続けてきた結果。そこが重要だと思ってます。イタリアの生活も合っていて、気づいたらイタリア人と同じペースで楽しんでました。

そういえば入社式もみんなスーツ着てましたけど、僕だけアロハでまわりから「なんなんだアイツは！」って（笑）。

環境の大切さ、リアルな情報・経験値の大きさ

カーデザイナーを志す人へのメッセージをください。

一言でいうと、カーデザイナーという仕事は純粋に楽しい仕事だと思います。好きなクルマが作れて、運が

TORU ODAGIRI

研修時のアイデアスケッチ

良ければ世の中を走る。いい仕事ですよね。その中で、死ぬほど努力しないといけませんし、色々と制約も多いですが、そういう事もひっくるめて純粋に楽しい仕事だという風に僕は思います。そして、ありきたりな言葉ですが、環境とライバルは大事。カーデザインって狭い世界なので、自分一人でただクルマを描いているだけだと限界があります。僕は偶然、TCAを知ったのでいい環境に身をおくことが出来たと思いますが、やっぱりライバルと思える存在を設定して、それぞれのステージでやらなきゃいけないことをしっかりやること。自分のいま置かれている状況、実力を客観的に判断して、やらなきゃいけないことは何なのか。

いいクルマをデザインしたい、カーデザイナーになりたいと思っているだけでは見てもらうレベルに到達できないので、まずは数をこなし、そこにかけた時間でアイデアを広げていく。そうして次の課題が見えてくる。それ以降は、そのステージごとでやらなきゃいけないことを見つけたり、的確なアドバイスをもらったりすることでさらにレベルを上げていく。
そこまでいって底力とか、その人自体の魅力も必要になってくるんですけどまずは土俵にのらないと。なので、そういう環境に身を置くことが大事。

あと、自分のやりたいことが相手に伝わらないと何も起きない、ということも理解しておかないといけないと思います。今はネットがあるからいろんな情報をとることができるんですが、知った気になるけど、簡単に得られる情報は薄っぺらい情報のほうが多い。

うまい人の画を見ると、うまくなった気になるけど描けない。ちゃんと自分でやってみるとか、色んな人に突撃していって情報を得ることは大事だと思います。イタリアにいる頃なんか、勝手にいろんなところに突撃していきましたよ。人見知りな性格なんで、ほんとにガチガチに緊張していくんですけど、案外ウェルカムで色々と教えてもらった経験のほうが多いし、そうやって得た情報、経験、つながりがのちのち返ってきた。

カーデザイナーになりたい、と思うだけではなれません。クルマの勉強をするためにいい経験ができる環境を探し求める。たくさん練習するのは当たり前で、そこから自分でチャンスを作る。そしてそのチャンスをモノにできる実力をしっかりとつけておく。クルマというのは一人で完成させることはできません。そういう意味では人とのつながりの大事さを感じることが多い職業かもしれません。全部当たり前のことですが、カーデザイナーという仕事は純粋に楽しい仕事です。夢に向かって頑張ってください。

MIKI
HATTORI

INTERVEW
16

服部 幹 カーデザイナー

Car Designer　MIKI HATTORI

MIKI HATTORI

服部幹 ＝ 東京都杉並区出身。早稲田大学高等学院卒業後、1975年に早稲田大学工学部に進学。在学中、カーデザイナーになると決心し、名門ACCD（アートセンター）※1 に進学。その後、オペルに採用され、海外で活躍する日本人カーデザイナーの草分けとして知られる児玉英雄氏とともに7年間を過ごす。トリノのカロッツェリア※2、スティーレ・ベルトーネ※3 に移籍し、数々のプロジェクトに関わった後、1992年に帰国。未来技術研究所を経て、自身のプロダクトデザイン会社を立ち上げるとともに、鎌倉のSQUAMA株式会社で取締役を勤めるなど、精力的に活動している。

カーデザイナーのなり方が分からない

カーデザイナーになりたいと思った元々のきっかけはレーシングカーです。70〜80年代にかけてはF1の世界でも独創的なコンセプトのマシンが群雄割拠の状態で、それらの造り手になりたいなぁとずっと思っていました。それで、大学は工学部に進みました。ただ、これは誤算だったのですが、僕は算数が苦手なんです。物理とか専攻をしてはいたのですが、さっぱりうまくいかない。そこで、よくよく考えたらクルマの形も好きだと思いまして、それならカーデザイナーを目指そうと決心しました。

ただ、問題がありまして、今も当時もそうだと思うのですがどうやってカーデザイナーになっていいか情報が全くないんですよね。誰に聞いていいかも分からない状態だったんですが、カースタイリング※4 というカーデザインの雑誌をたまたま本屋で見つけたんです。確かバックナンバーだったと思いますがアートセンター・カレッジ・オブ・デザイン、というカーデザイン専門の学校の記事が載っていたんですね。それでカースタイリングの編集部にすぐ電話して「この学校について詳しく教えてください」と尋ねたら、電話を取ってくれた方が「……まぁ取り敢えず一度こちらに遊びに来なさい」と言ってくれたんです。それが実はカースタイリング出版の代表、藤本彰さんだったんですね。

すごい偶然ですね。

こんな学生の僕のために、色々親身になって相談に乗ってくれて、しかも日産のデザイナーを紹介までしてくれたんですね。そのデザイナーの方には何回か会っていただき、会う度に僕の作品を見せては色々なアドバイスをもらいました。限られた期間でしたが、僕にとっては本当に密度の濃い宝物のような時間でしたね。

単身アメリカへ

それがきっかけで、早稲田大学を放り出してアートセンターへ行きました。若さゆえです。もちろん反対もさ

※1 アートセンター・カレッジ・オブ・デザイン ＝ カリフォルニアにある美術大学で世界的なデザイナーを多く輩出する。ビッグスリーのカーデザイナーの多くは、同校の卒業生である。日本人の卒業生として、日産の中村史郎氏、ザガートの原田則彦氏、初代ユーノス・ロードスターなどを手掛けた俣野努氏などが挙げられる。

※2 カロッツェリア ＝ イタリアの車体製造業者の総称。乗用車のボディをデザイン、または製造する企業のことで、元々は馬車の工場を指す。ピニンファリーナやベルトーネ、ミケロッティ、ギアなどが代表的。昨今では自動車メーカーがカロッツェリアを吸収し、社内のデザイン部門の一つとして統合することも多い。

※3 スティーレ・ベルトーネ ＝ イタリア・トリノを本拠地とするカロッツェリアのベルトーネのデザイン部門。ベルトーネは、フランコ・スカリオーネやジョルジェット・ジウジアーロ、マルチェロ・ガンディーニなど、有名なデザイナーが数多く所属していた。2014年、資金繰りの悪化から経営が行き詰まり、倒産が報じられた。

※4 カースタイリング ＝ 1973年に創刊された、日本から世界に向けて発信されていた唯一のカーデザイン情報誌。プロフェッショナルなデザイナーにとっての作品発表の場でもあった。2010年、惜しまれながら休刊となってしまったが、根強い読者からの声に応える形で2014年、三栄書房から復刊。

れましたが押し切りました。アートセンターは今でもカーデザインを学べる学校の中で、世界でもトップクラスですが、そこで学べたことはとても幸運なことだと思います。授業は、毎日1教科を選択するようになっていて約6時間、集中して学びます。カーデザインの授業では、講師のデモンストレーションも勿論あります。スケッチスキルを伸ばす授業のカリキュラムは、Car Design Academyのものとおおまかには一緒です。パースから始まって毎回課題が出されるんですが、余裕綽々で遊んでいたら、授業は毎日あるので週末になると課題でパンパンなんですね。

スキルを伸ばすだけでなく、デザイン論や、歴史の話、カーデザイン以外のジャンルに関わる授業もあって、とてもためになりました。アメリカでの学生生活は充実していましたね。

卒業も近づく頃、自分のポートフォリオを作成し、自動車メーカーにスライドを送ったり、学生のインタビューに来るメーカーの方と会ったりもしました。そんな中、オペルからのオファーを受けることにしました。オペルの量産車の事はよく知りませんでしたが、いくつかのショーカーのデザインは素晴らしいものでしたので、それが決め手になりました。

●

オペル時代〜独立

卒業後、中々ビザが降りなかったため、一時帰国しました。その間に結婚してドイツには妻と2人で行きました。当時はまだドイツは2つに分かれていましたね。オペルがあるのは旧西ドイツ。オペルには当時日本人では児玉さん[5]と永島さん[6]が在籍されていて色々とお世話になりました。

オペルに入社して言われたことは「お前は新人でまだ経験もスキルも足りてないかもしれないが、その分フレッシュなアイデアを求めているぞ」ということ。そういった意味では即戦力として扱ってくれました。

※5 児玉英雄 = 1944年神奈川県横浜市生まれ。多摩美術大学工業デザイン科に在学中、GMに直筆の手紙と書きためたスケッチを送ったところオペルに入社することとなる。1966年から2004年まで約40年間在籍。ドイツに在住しながら母校の多摩美術大学をはじめ各地で講演会や展示会を行うなど、幅広く活動している。

※6 永島譲二 = 1955年東京都生まれ。高校1年生の時に、デザイン雑誌で見つけたデザインスクールで、自動車デザインを学び、その後、武蔵野美術大学工芸工業デザイン学科に進学。卒業後、ウェイン州立大学に進学し、オペルに就職。その後、ルノー、BMWと渡り歩き、様々なプロジェクトを手掛けている。

MIKI
HATTORI

7年ほどをオペルで過ごしましたが、その後のキャリアの経過は早かったです。トリノのスティーレ・ベルトーネに移籍し、その後、1992年に帰国。未来技術研究所に在籍したり、自身のデザイン会社 PICMIC を設立したり。

●

あらゆる手段を試す

●

最近は Car Design Academy の講師もして頂いております。
服部さんの質感を表現するスケッチテクニックを一般の方にもお届けできないかと
相談させていただいたことから始まりましたが、受講生の印象はどうですか？

そうですね、受講生の方の学ぼうとする意欲が高く、こちらも励みになります。教えることで勉強になることも多いですからね。

カーデザイナーを目指す方へアドバイスをください

私はアートセンター在学中に、ポートフォリオをメーカーに送っていましたが、日本は各メーカーの実習[7]に参加してその中から選考されるシステムが主流らしいですね。実習に選ばれるのも一握り、さらに実習後にオファーを受ける可能性も小さい、と聞いているので、メーカー側としては採用幅がとても狭い感じがします。学生の側からすると、メーカーとの接点は実習しか無いと思いがちですが、海外のメーカーも視野に入れれば通年採用というケースが多いので、こちらは学生からのアプローチがメインになりますからね。日本のメーカーも今はグローバルな採用もしているので、実習云々にかかわらず学生からポートフォリオを送って採用される可能性もあるのではないでしょうか。あくまで個人的な考えですが、そういう積極性が無いとチャンスはつかめないと思います。

まさに服部さんも何も分からない状態からカースタイリングに電話をして
アートセンターに行ってという経歴ですから実体験でもあるわけですね。

枠の中だけで考えると、可能性は小さいまま。私の時でも、カーデザイナーになるための情報はあまりなかった。今は、昔に比べたらインターネットで検索すれば少しは情報が出てくる。カーデザイナーになりたいのならば、考えられる、あらゆる手段を試せばいいと思います。ありきたりですが、まずは第一歩を踏み出す。そうするといつの間にか今までの自分では見えなかった景色が見えるようになっている。そういうものじゃないでしょうか。

---

[7] 実習 ＝ 各自動車メーカーが行うデザインインターンシップのこと。表向きは、就職に関係のないデザインワークショップという位置づけだが、実際は学生のスキルや人となりを確かめる、採用に直結する重要な場となっている。

MIKI
HATTORI

TULLIO
LUIGI GHISIO

INTERVEW
17

カーデザイナー
トゥーリオ
ルイジ ギージオ

Car Designer   TULLIO LUIGI GHISIO

TULLIO LUIGI GHISIO

Tullio Luigi Ghisio = 1967年トリノに生まれる。1986年にIAAD（工業デザインの専門学校）に入学。在学中の1989年、ジウジアーロ率いるイタルデザインに入社。6年間、様々なプロジェクトを手掛ける。1995年9月、栗原典善が副社長を務めるデザイン・クラブ・インターナショナル（以下DCI）※1に入社。その後、イタルデザインに戻りシニアデザイナーとして活躍。FIAT、JAC、ベルトーネ※2、I.D.E.A Instituteと渡り歩き、デザインコーディネーターとしてStile Bertone S.p.A.で活躍。現在は、フリーのデザイナーとして独立し、世界中を忙しく飛び回っている。

芸術にかこまれて育ち、14歳でカーデザイナーを目指す

小さい頃からクルマと絵を描くことが大好きでした。芸術やデザインに関係する人が親族に多かったということもあります。私のおじさんはエンジニアだったのですが、趣味で60〜80年のセガンティーニ風の絵を描いていました。ただ、本業のエンジニアよりも絵の方で有名になってしまいました。また、おばさんは教会のフレスコ画を修復する仕事をしていて、イタリアで一番古い美術学校で教えていました。なので、小さい頃からデザインや芸術は日常の中で身近なものでしたね。

ガンディーニや、ジウジアーロみたいになりたいと思ったので、14歳でカーデザイナーになることを決めました。フォードが買収したカロッツェリア・ギア※3のアメリカの一風変わったデザインに刺激を受けましたね。

お父さんがエンジニアのスクールに行っていたのでロイヤル・カレッジ・オブ・アートとアートセンターとIAADに行けばカーデザイナーになれるんじゃないか、ということくらいは知っていました。ですが、どれも授業料はとても高かったですね。どうしてIAADを選んで入学することになったかというと、講師はFIATなどのメーカーや、ピニンファリーナ、イタルデザインなど有名カロッツェリアで働く15年くらいキャリアを積んだ現役のデザイナーが多く、当時カーデザインの世界で有名なクリス・バングルなど、プロフェッショナルなデザイナーが教えに来ていたことが決め手でした。

また、当時IAADは学生が5、6人しかいなかったので、その分いっぱい教えてもらえると思い、そこに決めました。住んでいるところから近かったのも理由の一つです。ロイヤルカレッジオブアートはイギリス、アートセンターはアメリカなのでとても遠いし、そこに通うとなれば高い授業料だけでなく、家賃や生活費もかかってきますから。

私の時代にもCar Design Academyがあれば良かったのにね。どこからでも通えるし、とても安い。なによりNORIさん※4から教えてもらえるんでしょう？完璧です。

※1 デザイン・クラブ・インターナショナル = ヨーロッパフォードでデザイナーとして働いていた栗原典善氏（現NORI, inc.会長）と、畑山一郎氏（Tokyo Design International代表）らを中心として86年にスタートした独立系カーデザイン会社。わずか5年足らずで日本の独立系カーデザイン会社としては最大級の規模となる。デザイナーやモデラーの多くは日本メーカーの海外スタジオや外資系企業の経験者で、アウディやBMW、フォード、イタルデザインなどを経てDCI入りしていた。手がけたデザインにクレジットが入ることを良しとせず、クライアントへの貢献内容は一切公表していないが、全ての国内メーカーに加え、多くの海外メーカーのカーデザインを手がけた実績を持つ。

※2 ベルトーネ = 1912年に創業したイタリア・トリノを本拠地とするカロッツェリア。自動車のデザインや試作を行うボディ制作部門のカロッツェリア・ベルトーネは多額の負債を抱えて2008年に事実上倒産、カロッツェリア・ベルトーネ以外の部門を統合し、ベルトーネ・デザインとして再出発し、車のデザインを含めたクルマ全体の設計活動を進めていたが、2014年3月、裁判所への破産申請が報じられた。

※3 カロッツェリア・ギア = 有名なイタリアのカロッツェリアの一つ。1965年にはルイジ・セグレの後任としてジョルジェット・ジウジアーロが入社しており、宮川秀之氏とイタルデザインを設立するまでチーフスタイリストとして活躍した。1968年にデ・トマソ社の傘下に入ったのち、1970年、株式はフォード社に売却された。

※4 NORIさん = Car Design Academyの監修を務める栗原典善氏のニックネーム。

IAADではレンダリングの初回の授業が印象的でした。FIATのデザイナーが教えに来てくれたんですが、キャンソンペーパーにレンダリングをするんです。私はそのテクニックにとても驚きました。そしてそのFIATのデザイナーは全てのテクニックを教えてくれました。最近はデジタルツールを使ったスケッチしか無くなってしまったので、こういうスケッチには一味違う手描きの良さがあると、特に思いますね。イタルデザインには、その歴史の中で培った他のカロッツェリアにはないハイライトレンダリングのテクニックがとても沢山あって、入社してまた驚くことになるんですが。

カーデザイナーに求められるもの

カーデザイナーを目指す人はスケッチがうまくなるためにはとにかく速く描くことを心がけたほうが良い。とにかく速く描いて、他の人に見せて伝わるか。それが重要。お父さんでもお母さんでもいいからスピーディーに描いたものを見せて伝わるかどうかやってみてください。レンダリングはスケッチとは違います。レンダリングは会社が要求するもの。私は多くの会社でデザイナーを経験したので分かるのですが、会社によって求めるものは様々です。最初のスケッチは会社の色がつかなくていいですが、レンダリングは会社が要求するレベルを満たすものを仕上げられるように、テクニックを学ばなければいけません。

イタルデザインで働くことになったきっかけを教えてください。

私が学生の頃に、IAADにジウジアーロがスケッチを見に来ました。それをみて、イタルデザインに来いと言われたので、学生の分際でイタルデザインに働きに行くことになった、それだけです。自分で言いますが、学校では常にトップの成績でしたから。

当時は17時までイタルデザインで、19〜23時は学校にいくという生活でした。イタルで働くのが夢だったので大変という感情はなく、とても充実していました。そこでの5年間はすごく勉強になったと思います。その後、NORIさんの友人でトリノの有名なモデラー・バイオさんに紹介され、NORIさんと知り合うことができました。わざわざイタリアまで会いに来てくれて、面接してくれたんですね。話を聞いているうちに日本に行けるチャンスが来たと、とてもエキサイティングに感じました。

当時の日本、特にDCIはとても輝いていました。皆スケッチがうまくてとてもビックリしました。すぐに分かったんですが、皆かなりの数のスケッチを描いてました。壁中がスケッチで埋め尽くされていましたから。イタルデザインから来てそう思うということは当時のDCIのスケッチレベルは世界最高峰だったと思うぐらいです。色々なことを吸収することができました。

私はテープドローイングが得意だったのでそれを教えるかわりに、絵がうまいデザイナーからスケッチを教えてもらうという風にしていました。お互いが積極的に学び合っていましたね。ボーリングをしたり、みんなで遊んだこともいい思い出です。そういえば、DCIに来てすぐにNORIさんがイタリアンレストランで歓迎会をしてくれたことがありました。それが終わり、同僚だった他のイタリア人デザイナー・ジャンルーカと会社のクルマだったユーノスのオープンカーに乗って帰ったんですが、突然、後ろから追突されたんです。とても大きな事故でした。私はユーノスのオープンカーから救急車に乗りかえる事になってしまいました。でも日本語が分からない。スグにNORIさんに連絡したら飛んできてくれました。救急車に同乗してもらって病院まで行ってもらって… 私の歓迎会だったのにとても大変でした。今ではいい思い出ですが、日本で交通事故まで経験しちゃいましたね。

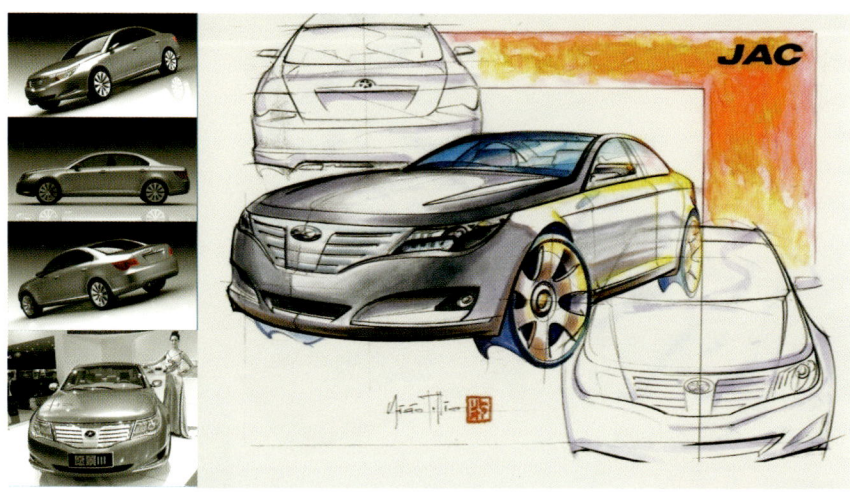

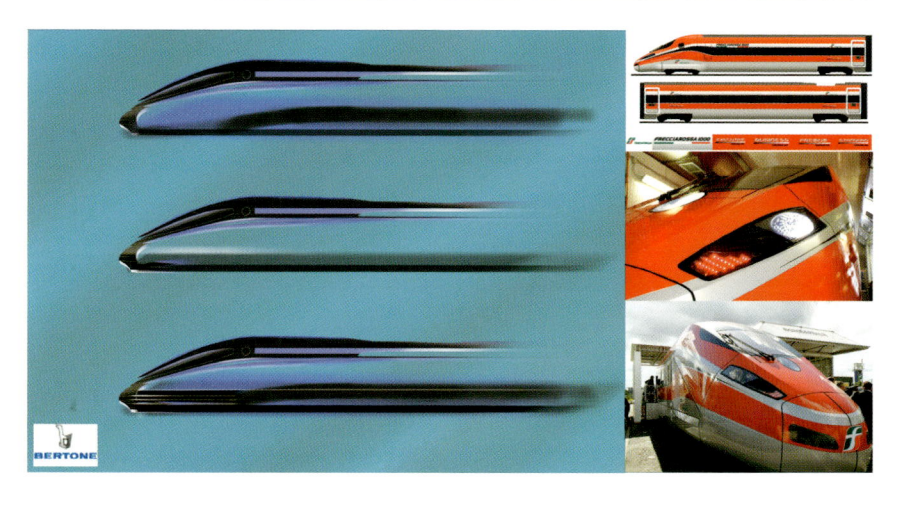

TULLIO LUIGI GHISIO

| 137 | Ignition

TULLIO
LUIGI GHISIO

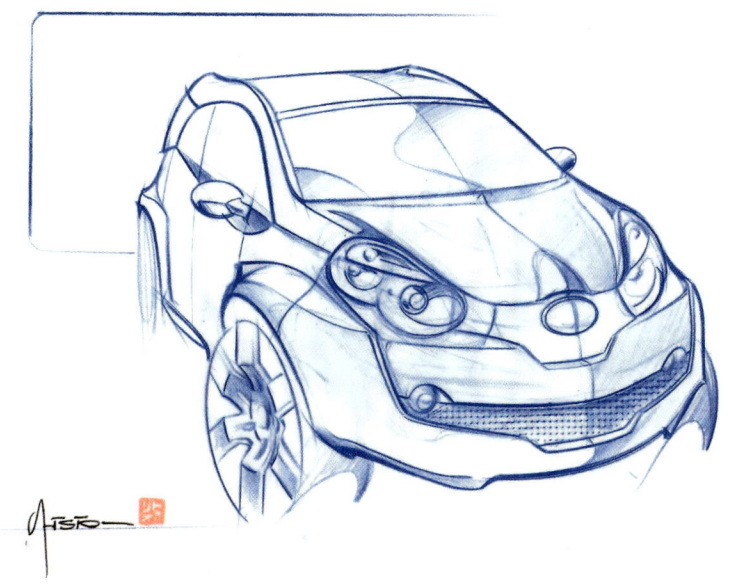

DCIでは、日本のことを吸収できてすごく役に立ったと感じています。思い出はいっぱいあるんですが、ひとつだけ残念なのは仕事をした期間が短かったこと。私は1年半でイタルデザインに戻ることになります。イタルで7年4ヶ月働いたあとにFIATで半年間だけ働き、中国の自動車メーカーであるJACのトリノスタジオで4年弱デザインをしました。その後、ベルトーネで3年、I.D.E.Aで1年働き、またベルトーネに戻ることになります。

ニュースにもなったので皆知っていると思いますが、2013年末、ベルトーネは経営が行き詰まり、倒産してしまいました。そして私はベルトーネのその最後までいました。インハウスでデザインすることと、デザイン会社としてデザインをすることは異なる部分がとても多い。より、お金や時間に気を配りながら色んなクライアントと仕事をするのがデザイン会社だと私は考えているのですが、ベルトーネはそこがうまく出来なくなってしまっていましたね。ベルトーネという一つの時代が終わってしまったことは、そこに所属していた自分としてもとても残念ですが、自分は変わりません。5年後も10年後も、何10年経っても僕は夢を持ち続けるし、止まらないですし、そこが重要だと思います。

吸収し続ける、学び続ける

今、カーデザイナーを目指している人に伝えたいのは、常に、どんなことからでも学ぼうとする姿勢が大事ということ。学校は短い。分かることはほんの一部ですよ。僕はイタルデザインやDCI、ベルトーネなど色んな環境で多くのデザイナーと会い、マネージャーになった今でも学ぶことはいっぱいあると考えています。私は、約16年間、夏になるとカトリック教会に彫刻の手伝いに行っていました。そこからも多くのことを学ぶためです。常に自分の気持ちをオープンにして、吸収するんだ、という学ぶ姿勢を持ち続けて下さい。

そうやって成長するシステムを自分で作り出すのです。クルマのデザインは全てにおいて先進的です。軍事系の武器にも最新のテクノロジーが詰め込まれているのですが、そのテクノロジーやデザインは飛行機やクルマにもつながってます。カーデザイナーという仕事の魅力はそこにあると私は思っています。

HOLGER
HUTZENLAUB

INTERVEW
18

メルセデス・ベンツ
アドバンスデザイン・ディレクター
フォルガー・
フッツェンラウフ

Mercedes-Benz Advance Design Director   HOLGER HUTZENLAUB

HOLGER HUTZENLAUB

Holger Hutzenlaub = 1967年生まれ。ウルム大学[※1]を卒業した後、カーデザインを学ぶためプフォルツハイム大学[※2]へ進学。その後、2回のインターンを通してメルセデスベンツに入社。1996年から E- および S クラスと責任ある CL クラス、など、様々な生産車のエクステリアとインテリアデザイナー、プロジェクトマネージャーとして従事。2003年に S-/CL-/SL-/SLK-/SLR-Klasse やマイバッハの部門の設計プロジェクトマネジメントの管理を引き継いだ。現在、アドバンスドデザイン部門のデザインディレクターを務める。

メルセデス・ベンツとの不思議な縁

私の祖父は、メルセデスでテスト部門のエンジニア兼テストドライバーとして働いていました。F1レースのパイオニアです。そして父もメルセデス。私も合わせると、親子三代続けてメルセデスです。本当に稀なことだと思いますが、そんな訳で、幼い頃からクルマは常に生活の中心にありました。

とても幼い頃からクルマの絵を描いていましたね。授業中でもお構いなしだったため、先生によく注意されていました。私は14歳の頃、ゴーカートに夢中でした。ゴーカートはむき出しで、デザインは全くされていなかったので、プラスチックパネルのようなものを自分で加工して、デザインして遊んでいました。それが、私がクルマをデザインした最初のことだったのです。

その頃から、将来はカーデザイナー、もしくはエンジニアになりたいと意識するようになりました。ある日、父がC111[※3]のミニカーを幼い私にプレゼントしてくれました。当時のメルセデスは、「世界一退屈なカーデザイナーはメルセデスにいる」と言われるくらい伝統を守り続けたスタイルだったため、スポーツカーのようなアグレッシブなデザインの車はありませんでしたが、その中でC111は特別で、本当に衝撃的でした。

私は、毎日それを眺めながらスケッチをし、いつか自分が新しいメルセデスをデザインしたい、と考えるようになっていました。クルマ雑誌を横に置いて、スケッチの練習をしたりしましたが、私が大学に入るまで、カーデザインを教えてくれる人は誰もいませんでした。父も祖父もカーデザインを教えてくれる事はありませんでしたが、よく洗車の手伝いをさせられました。これは本当に大事なことなので、今からカーデザイナーを目指す人は良く聞いて下さい。洗車は、最高の勉強法です。自分の指で実際に触れ、クルマの形を体に染み込ませる。写真を見るだけではいけません。間近で色々な角度から見て、触れて、記憶する。形状を覚えるには触れるのが一番です。男性が女性に触れたくなるように、クルマ好きならカッコいいクルマがあったら触れたくなるはずです。

高校で学んだあと、エンジニアリングを学ぶためにウルム大学に進学しました。その頃も、カーデザイナーを目指すのか、エンジニアを目指すのか迷っていたため、4年後、ウルム大学を卒業し、カーデザインを学ぶためプフォルツハイム大学に再び入学しました。プフォルツハイム大学はデザインの分野で非常に人気があり、ドイツだけでなく世界中からカーデザイナーを目指す人が集まってくるため、誰でも受験できるわけではありません。自分のポートフォリオを送らなければならず、そこで初めて受験資格を得られるのです。最初

※1 ウルム大学 = ドイツ・ヴュルテンベルク州ウルム市にある大学。1967年創立。学生数は7000人を超える程度で、ドイツでも小さい大学の一つだが、理系の評判は高く、自然科学では国内ランキングの最上位に位置する。研究と産業の融合を目指しており、ダイムラー、ノキア、シーメンスなどの研究所がキャンパスにある。

※2 プフォルツハイム大学 = ドイツ・ヴュルテンベルク州の都市プフォルツハイムに設置されている総合大学。世界レベルでカーデザイナーを志す卵たちが集まる。同大学出身者としてコズミックモーターズを出版し有名になったダニエル・サイモン（コンセプトデザイナー）などがあげられる。

※3 C111 = メルセデス・ベンツが1960年代から1970年代に制作したコンセプトカー。技術開発を目的として製作されたモデルだが、オイルショックの影響などで開発が中止された幻の名車としても知られる。

の2年間は総合的なことを学びます。デザインの歴史や文化についても幅広く学びましたし裸婦のスケッチもしました。そして最後の2年間で、専門的にカーデザインを学ぶのです。

ですが大学でも、プロのカーデザイナーから教えてもらう機会は多くありません。テキストも無いので、同じクラスメイトや、先輩のスケッチや描いているところをこっそり見て、吸収していきます。実際にプロのカーデザイナーからしっかり教えてもらったのは、大学時代に経験したメルセデスのインターンシップでした。もちろん誰でも参加できるわけではありません。自分自信の実力を見てもらうため、ポートフォリオを多くのメーカーに送りました。

メーカーから、この日までに送ってくれ、というような指示は全くありません。自主的に、自分のタイミングで自信のあるポートフォリオを送るのです。そこは日本の採用のスタイルとは全く違います。私と同じように、世界中からカーデザイナーになりたい人がポートフォリオを送ってきます。その中でデザインの素養が認められたわずか数人がインターンに参加することができるのです。私の場合は、8名でした。インターンに参加した8名は、別の部屋でメルセデスのプロのカーデザイナーから直々にレッスンを受けます。私の頃は、このような体制でしたが、今は、インターン生を実際のプロジェクトに参加させ、実際の仕事を通して実力を測り、採用していきます。私は在学中にこの半年間のインターンを2回経験しました。そして無事メルセデスに入ることが出来たのです。

回り道をすること、好奇心をもつこと

実際にカーデザイナーになってみて、この仕事の魅力は？

まず、第一にカーデザインという仕事は、色々な要素があり、とても複雑です。だからこそ、とてもおもしろい。私はこの仕事に誇りを持っていますし、エキサイティングな仕事だと感じます。

優れたカーデザイナーになるために必要なことは？

回り道をすることです。私は8年をかけて、2つの大学を卒業しました。一見すると、カーデザインと関係のないことを学んでいるように見えますが、全て何らかの形で関係しています。プフォルツハイム大学のはじめの2年間はクルマに関することを学ぶことはありませんでしたが、多くのことに好奇心を持ち、学んだおかげで、今の私のデザインの幅が広がったと感じています。優れたカーデザイナーというものは、画力やテクニックだけではありません。確かに、カーデザインのテクニックは素晴らしい。デジタルの表現もとても上手。ですが、カッコよくて新しいデザインを生み出すことは苦手、という人もいます。テクニックばかりを磨き、最短距離で進もうとする人が特に陥りやすい過ちです。デザインに最短距離はありません。自分のイメージを具体化する表現力はとても大事ですが、イメージを膨らませる元々の引出しが無いと本末転倒なのです。回り道をしながら、様々な経験を積むことでクリエイティブが養われます。

新しいモノを生み出すためにも様々な引出しを持つことが大切なんですね。
一方でテクニックや表現力をどうやって伸ばせばよいか悩む学生も多いです。

私の場合はメルセデスでインターンをするまで、カーデザインのテクニックをプロから教えてもらったことはなかったので、全て自己流でした。カーデザイナーになるには、自分のイメージを具体的に表現する力が必

要です。例えばカーデザインアカデミーのように線の質、パースの崩れや面の表現など、プロからアドバイスを受けることで、上達のスピードは格段に上がります。プロの現場でも、添削までしてくれることはまず考えられませんからね。私が学生の頃にこのシステムがあったら、受講していたでしょう。

カーデザイナーを目指す人へのメッセージやアドバイスをください。

カーデザイナーとして大事なことは「curiosity」、つまり好奇心です。多くのことに好奇心を持ち、自分の目で見て、自分の肌で触れてみて、様々な経験をする。それは根本的なことで、本当に大切な事です。常に好奇心を持ち続けることなしに、新しい価値を生み出すデザインは生まれない、と私は考えています。カーデザイナーという仕事は本当に面白い仕事です。たくさん練習して、自分の夢を叶えて下さい。

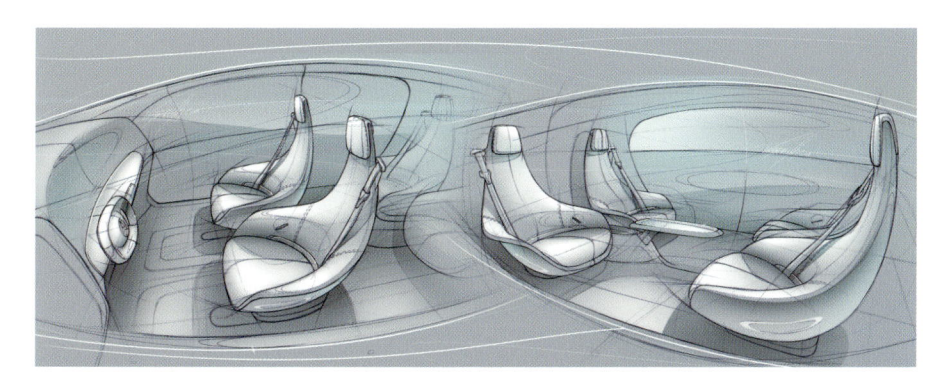

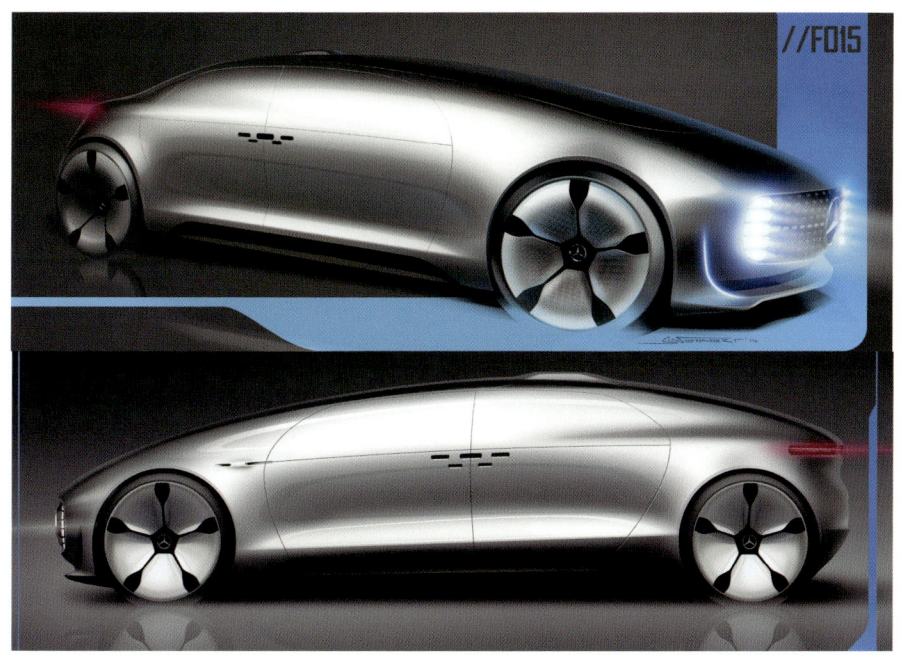

NORI, inc. Chairman
NORI KURIHARA

特別インタビュー

SPECIAL INTERVIEW

NORI KURIHARA

INTERVEW
19

NORI, inc. 会長
兼デザインディレクター
栗原典善

NORI, inc. CHAIRMAN　NORI KURIHARA

栗原典善＝1953年生まれ。桑沢デザイン研究所インダストリアルデザイン研究科卒業後の75年、本田技術研究所へ入社。二輪車のデザインプロジェクトに参画。79年イタリアに渡り、ペルージャ大学留学後、イタルデザイン（コーポレートスタジオ）で欧州（ビー・エム・ダブリュー、フィアット、フォルクスワーゲン、アウディ、セアト、ボルボ等）と国内メーカーのカーデザイン及び、カメラ・時計・グラス・二輪車等のプロジェクトに携わる。82年、ヨーロッパフォード技術開発研究所（英・独）に移籍し、量産車フィエスタ、エスコート、スコーピオ、トランジット等のデザイン開発を手掛ける。その後日本に帰国し、85年、（株）デザインクラブインターナショナル（DCI）を箱根に設立。ルノーやシトロエン、ポルシェ等の欧州メーカーや国内メーカーのデザインプロジェクトを数多く手掛け、15年の間、日本を代表するデザイン開発会社に成長させた。2001年、新たなデザイン会社 NORI, inc. を設立し国内外のカーデザインプロジェクト、開発コンサルタントとして現在に至る。デザインの専門学校で教鞭を取りながら、2013年には Car Design Academy の監修役に就任。世界中の若者にカーデザインスキルを教えている。クルマやオートバイ誌でも長きに渡りデザインコラムを執筆、若い人達へデザインに関わるメッセージを送り続けている。

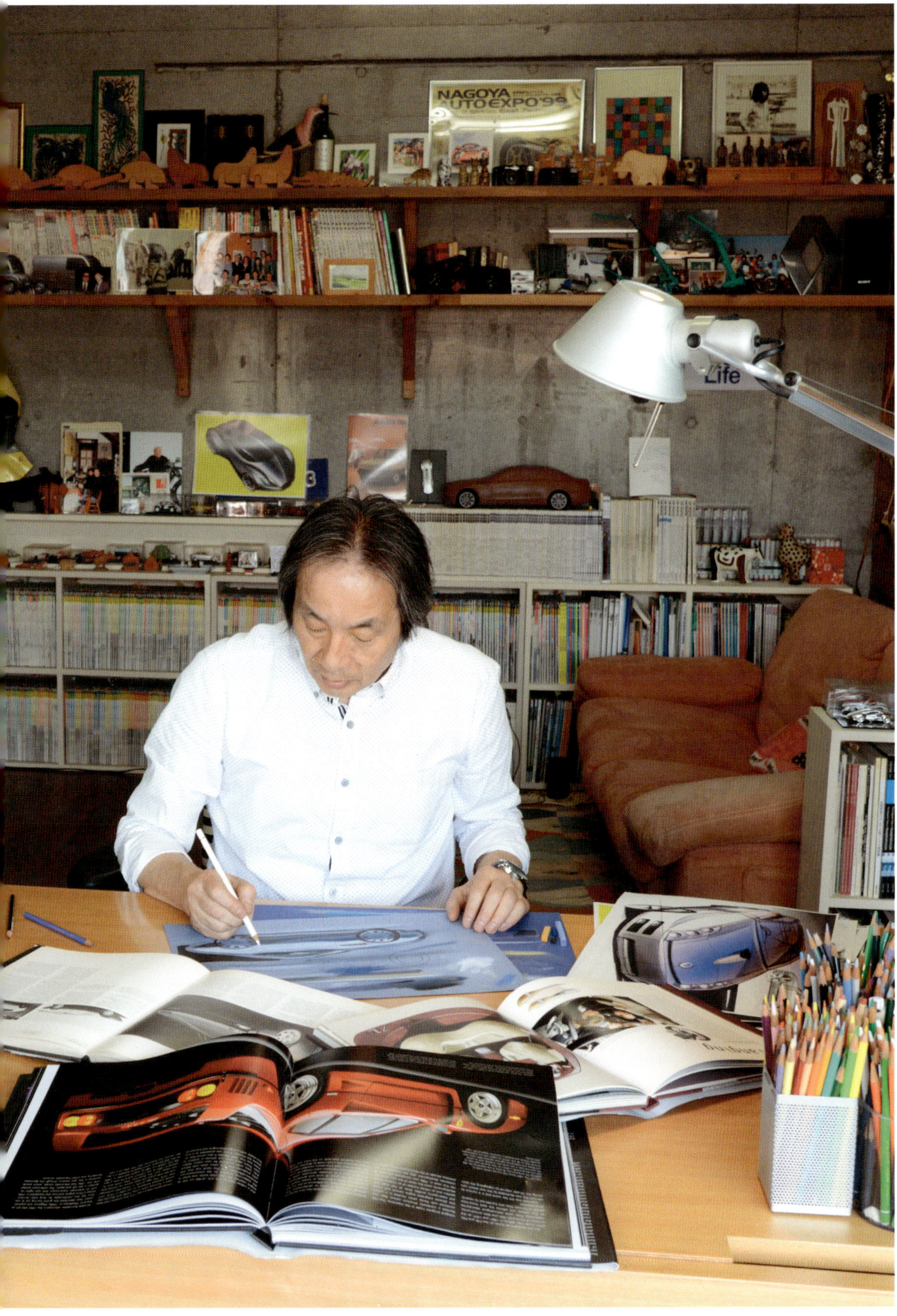
NAGOYA
AUTO EXPO'99
Life

NORI
KURIHARA

高嶺の花だったクルマ

1953年に埼玉で生まれました。クルマなんか、持っている人はほとんどいませんでしたよ。一部の医者くらいじゃないですか。八百屋や魚屋、豆腐屋なんかはオート三輪に乗って色々なものを売りに来ていました。カッコイイというよりも、働くクルマですよね。あと、バイクですね。ホンダのカブ。

"ALWAYS 三丁目の夕日"のような時代。あの映画は東京が舞台ですが、私は埼玉育ちですから、車の普及はもっと遅かったでしょうね。

母が病院で婦長をやっていたので、勤め先のお医者さんにクルマで海水浴に連れて行ってもらったことがあります。ヒルマンミンクスというクルマ、若い方はご存知ないでしょうね。その時、いつかこんなクルマに皆を乗せてどこかにいけたらいいなと思っていました。

私の父は電車の技術者です。後に新幹線を担当することになります。まだ国鉄と呼ばれていた時代ですね。小田原の鴨宮で試作車に乗せてもらったこともあります。

父はよく、皆を集めて上映会をしていました。シーツを壁に張って、映写機を持ってきて映すんです。どこからか借りてきたんでしょうね。そんな父に育てられたので機械が好きになっていきました。

実は母方の親戚は芸術肌の人が多かった。アーティストとして活躍している伯父もいました。私の兄もデザインの道に進むのですが、そういった環境で育ったので、乗り物や絵を描くこと、そして何かをデザインする、ということに興味がありました。

あと、なぜかどの先生にも気に入られていました。周りの友達なんかは苗字で呼ばれてるのに私だけ"のーちゃん"と呼ばれてたり（笑）。今思い出してみると変ですよね。家庭訪問でもないのに先生がときどき家に遊びに来てましたから。そういう子供時代だったので、物怖じすることなく、誰とでも親しくなれる性格になったのかもしれません。

中学になって野球部に入ったんですが、すぐに辞めてしまいました。先輩が意味もなく、「校庭を走ってこい！」なんて言うでしょ。オカシイと思ったんですよね。1年早く生まれただけでなんでこんなに威張られないといけないのかと。現代風に言うと"ヒエラルキー"が嫌いだったんです。

洗車で造形を体感する

母は今で言うキャリアウーマン。バリバリ仕事をしていましたが、カローラ[1]が発売されて真っ先に注文していました。白の2ドアセダンです。それまでは車は高嶺の花で、特権階級だけが所有しているという印象なんですが、トヨタがカローラを出したことで一気に普及しだしたんですね。

モータリゼーションの幕明けです。休みのたびに私が洗ってあげていました。ウキウキした気分になれるし楽しいんですよ。綺麗になるのも嬉しいですけど、なにより車の造形がよく分かります。当時からデザイン的な観点で見ていたのかもしれません。造形を頭で理解するのもそうですし、触ることによってその大きさや膨らみ、触れた感じが体に染み込みますから。

今でも必ず洗車は自分でしますし、教えてきたデザイナーや生徒にも車は自分で洗車しなさいと言っています。

その車では色んなところへ連れて行ってもらいました。クーラーなんか付いていないので夏は汗びっしょり。親戚が多く住んでいる群馬なんか行こうもんなら道はガタガタで舗装されていない。ましてや高速道路なんかない時代ですから。でも、その白のカローラはまさしく「家の宝」という感じでした。首都高が出来た時なんか、一大イベント。母が家族全員を乗せてドライブに連れて行ってくれました。

高校生になると、青果市場でアルバイトをしていましたので、お金を貯めて250ccのCB92（正式車名はベンリイ・スー

※1 カローラ = トヨタの代表的な車種で、日本において最も普及した大衆乗用車シリーズの一つ。2015年4月現在の時点において日本市場に現存する大衆向け小型普通自動車全体のブランドでは1963年登場のマツダ・ファミリアに次いで2番目の長寿ブランドとなっている。

パースポーツ・CB92）を譲ってもらいました。私の兄はどこで覚えたのかクルマの絵を描くのが得意でした。弟の私から見ても天才肌ですね。兄はいち早くデザイナーを目指し、桑沢デザイン研究所に進学しました。私は美大か桑沢に行くか迷っていたので、美術系の予備校にも少しだけ通いましたが、どうせ進学するなら都会がいい、ということで渋谷にある桑沢デザイン研究所に決めました。とても厳しい学校で、最初の2年は工業デザイン科だけで60名程いるのですが、その後の研究科に進学できるのは試験を受けて10名くらい。研究科には行きたいと思っていたので桑沢は最初の2年＋研究科で計3年通いました。

桑沢から自動車メーカーに入っている人も何人かいましたので話を聞くことは出来ましたが、スケッチの練習はデザインの雑誌をみて真似をしていました。教科書は"STYLE AUTO"というイタリアで出版されていた雑誌です。なのでアートセンターのような海外の学校は知っていました。すごいなぁ外国は、という感じで他人ごとのように感じていたと思います。

ホンダへの就職、
2輪のデザイナーとしてキャリアをスタート

企業側から学校に指名があるんですね。それでホンダのデザイン部の採用試験があることを知りました。受けたのはホンダ1社だけです。そもそもホンダのスーパーカブが好きだったんですね。

私の生まれた前年に発売が開始されているんですが、発売から半世紀以上たっても改良されて発売されているすごい2輪車だと今でも思います。

なので、そのカブを超えるデザインをしようと思った。面接官にもそう言いました。スーパーカブは最高のプロダクトですが、私はカブを超えるデザインをしますって。生意気なんですが、落ちる気はまったくしませんでした。その時、受験していた学生たちはデザイナーを多く輩出する有名校の人たちばかりで狭き門でした。

同期で受かったのは千葉大、武蔵美、多摩美、筑波大、それと桑沢出身の私を含めて5人。みんな今でも車に関わっています。私は最初から2輪のデザイン部を希望しました。車のデザイナーはパーツからスタートするので、2輪の方が色々と任せてもらえると思ったんですね。実際に1年目からすぐにデザインからモデル作りまでやらせてもらえるようになりました。

ホンダ時代のバイクスケッチ

当時は、今よりもデザイナーの数自体が少なかったので、何でも自分でやらなければいけませんでした。鉄のエキパイ（エキゾーストパイプ＝排気管）を自分で曲げたりクレイモデルを造ったり塗装をしたりと、仕事の幅が広かったので大変勉強になりました。

最初に自分の仕事としてやったのは、"パルフレイ"というロードパルの派生車種で、手軽に使える奥様向けのおしゃれなモペッド（ペダル付きオートバイ）です。それが1年目で、しかももう一人の同期と二人で一緒にやりました。これが工場で量産されるのかと思うと楽しくてしょうがなかったですね。

ホンダ時代のバイクスケッチ

ネーミングからロゴまで担当した初めての量産車

その後、モトクロッサーであるCRやオフロードトレールバイクのXL、ストリートバイクのCB750、1000ccのCBX、4気筒GOLD WING、いろいろやらせてもらいました。

CB750は4気筒の750。当時はそんなのなかったのでエポックメイキングですよね。CBX1000は最高速度225km/h、0-400m加速11.65秒で当時世界最速でした。自分にとってバイクは大好きなおもちゃ。それを自分でデザインできるなんて幸せです。ホンダでは、本当に素晴らしい時間を過ごすことができたと思います。

寝てるとき以外は何でもデザインしたい

そういえば、2年目の頃から会社には内緒で友人と一緒にデザイン事務所をやってました。もちろん昼はホンダでデザインしてましたよ。仕事を終えてから自分達で借りた事務所に行って仕事をするんです。
店舗のデザインもやりましたね。仕事は人づてでいくらでもあったので。ですがそんな状況だったので、さすがに体力が続かなくなっちゃって、こりゃ無理だ、と。

想像するだけでハードですね。
どうしてそんなに詰め込んでやっていたんですか?

若さゆえ、ですかね。ともかく寝てるとき以外は全てデザインに時間を費やしたいと思っていました。時間がもったいないという感覚でしたね。イタリアに行きたいという思いがあり、それは仕事をすればするほど募っていきました。桑沢時代の同級生の影響もありましたね。マエストロ・カワノという男なんですが、彫刻家になると言って桑沢を中退してイタリアに行っちゃったんですね。でも彫刻家なんて最初から食えるはずがないので、イタリア人とデザイン会社をやりはじめて。今でも親交があるんですが、そういう刺激を仲間からもらっていたので、早くから海外行きを決意していました。

結局、ホンダは3年8ヶ月いることになるんですが、実はもっ

と早く海外に行きたかったんです。ただ、少し前に父が亡くなったこともあったので、母が元気になるまで待って、やっとの決断でホンダを辞めました。

当時の上司には、一度辞めると戻ってくることは出来ないから、もう少し考えてみろと言われたんですが、戻ってくるつもりはありません、と言ってそのまま辞めてしまいました。

イタリアへ、
言葉と文化を学びながらクルマを描き始める

しばらくは働かなくてもいいように、コツコツお金は貯めていましたので、まずはイタリア語を学ぼうと思ってマエストロ・カワノがおすすめするペルージャ大学に入学しました。

ペルージャ大学

もともとイタリア語は勉強していたんですか?

ホンダ時代にイタリア語のテキストは買ったんですが、忙し過ぎたので全く手がつけられませんでした。行きの飛行機の中で初めてその本を開いたくらいですから。語学の準備はゼロで、まず行ってみて考えようという感じです。それでダメだったらダメで仕方ないじゃないですか。
それでイタリアに渡って、マエストロ・カワノに迎えに来てもらいイタリア生活がスタートしました。友達を紹介してもらったり、大学の入学手続きなんかも色々と手伝ってくれたのでありがたかったですね。

ペルージャ大学は、世界各国からイタリアの文化や語学を学ぶために来るような大学でした。JALの人達も学びに来ていましたね。世界の色んな人と友達になれるんです。

シトロエンに乗って色々な街を訪ねた

皆で夏には「畑に蛍を見に行こう!」と企画をしたり、毎日のように何かと集まって遊んでましたね。それがイタリア語の一番の勉強になるんですよ。卒業しても交際は続いてそのまま休みになるとスイス人の友人を訪ねて旅行したり。ホント楽しかったですね。

学校から帰ってきてからはスケッチもしてましたよ。イタルデザインの仕事をしたかったので、車のスケッチを練習しながらポートフォリオを作っていました。それまではバイクのスケッチには自信がありましたが車のデザイン経験はなかった。自分の実力を分かってもらうためには魅力的なポートフォリオが無いと採用されようがないですから必死にクルマを描いてましたね。

学生時代に描いたポートフォリオの一枚

大学で半年くらい勉強したらイタリア語を喋れるようになったので、そろそろイタルに行きたいなと思ってました。そんなときに、トリノに宮川さん[※2]の会社で働いている日本人

※2 宮川秀之 = 1937年生まれ。群馬県出身。世界で最も有名なカーデザイナーと言っても過言ではないジウジアーロと、「イタルデザイン」を創設。自動車業界の歴史を語る上では欠かせない人物。

がいたんですね。宮川さんというのは、ジウジアーロと一緒にイタルデザインを設立した人です。他に会社をやっていました。そこの従業員の方と知り合いになれたので、相談したら、宮川さんを紹介してもらえました。

宮川さんに、私がトリノに来た目的をお話ししたところ、熱意を汲み取ってくれたのでしょう。それだったらジウジアーロに会わせてあげるよ、ということになり、彼の車でイタルデザイン本社に連れていってもらいました。

イタルデザインはすごい田舎にあるんですよ。だだっ広い畑の中。外観は大きな工場のような感じです。紹介してもらった日はすごい霧でね。自分のこれからの人生と同じで、前が見えないな、なんて思っていたら目の前にドーンと本社が現れたのを思い出しますね。そのままジウジアーロに会って私のポートフォリオを見せたら明日から来い、ということになり、彼の気が変わらないうちに決めちゃえという感じで、その翌日から仕事を始めました。

宮川ファミリーとトリノモーターショーで（1993年）

1979年頃のイタルデザイン本社

そのときのポートフォリオはもう無いんですか？

残念ながら無いです。しばらくはとっておいたんですが…久しぶりにポートフォリオを見返してみたらとても酷かったので、そのまま破いて捨ててしまいました。

ともかく、私としてはそんなレベルで仕事をさせてもらっていいんだろうかとずっと思っていました。ですが、イタルデザインでの4年間は、クルマをはじめ、時計、メガネ、バイクなど色々なプロダクトで私がデザインしたものがいくつも採用されて、実績を認めてもらうことが出来ました。日

ジウジアーロ氏と後のアメリカデトロイトモーターショーで（1989年）

製品化されたプロダクトデザイン

本で製品化された時計、ヘルメット、メガネ、自転車などもジウジアーロブランドで発売され、ずいぶん話題になっていましたね。2013年と2014年には、30年ぶりにジウジアーロモデルの時計がリプロダクションされ、発売されたのはとても驚きましたし、長い年月を経て、自分のデザインが再評価されたようで私にとって大きな喜びでした。

ごまかしのきかない
イタルデザインでのデザイン手法

実はトリノの中心街にジウジアーロの秘密のスタジオがあって、私はそこで仕事をしていました。そこはフォームデザインと呼ばれていました。

ジウジアーロがお気に入りのデザイナーを囲って少数精鋭で仕事をしたかったからなのかもしれません。私はこぢんまりしているオフィスの方が好きなので、本社よりも断然働きやすい環境でした。
あと、当時は日本人が来ると私は隠れないといけないから、という理由もあるのかな。わざわざイタリアのデザイン会社に頼んでいるのに、実際にデザインしているのが、日本人だと印象が良くないですからね。今ではそんなことはないでしょうが、当時はイタル参りといえる程、連日多くの日本メーカーが来社していました。

1979年頃、イタルデザインのコーポレートスタジオ「フォームデザイン」にて TEAM NORI の仲間達と。

初めて担当した仕事は
どのようなプロジェクトでしたか？

初デザインは、フィアットのスポーツクーペだったかな。イタルデザインはスケッチなんて描かなくて、はじめから図面を描く。まずサイドビューを描いて、ジウジアーロのチェックが入って、OKであればクォータービューを描いて。そうやって2～3回チェックが入ってレンダリングを仕上げ、やっとクライアントに提出になるのですが、私はそのやり方に慣れていなかった。はじめから正確な図面を要求されるので、2週間くらいかけて、サイドビューの図面を40～50枚描いたけど、全部ダメだった。ジウジアーロにその場で破り捨てられました。やり方がよく分からないから当然ですけど、それがはじめての仕事。ずいぶん落ち込んじゃって、ホロ苦いスタートでしたね。

クーペ。1980年頃

フィアット以外に、印象に残っている仕事は？

なんだろう。2週間ごとに車種も変わるから、そう聞かれると夢中であまり記憶にない（笑）。ビー・エム・ダブリュー3シリーズ、5シリーズ、7シリーズ、アウディセダン、ルノー、セアト、イベコ、ワーゲンのシロッコなど、ともかく相当数のデザインをこなしていました。

どんな点に苦労しましたか？

図面のサイドビューの中でいかにアイデアを表現するかという点がすごく難しかったですね。

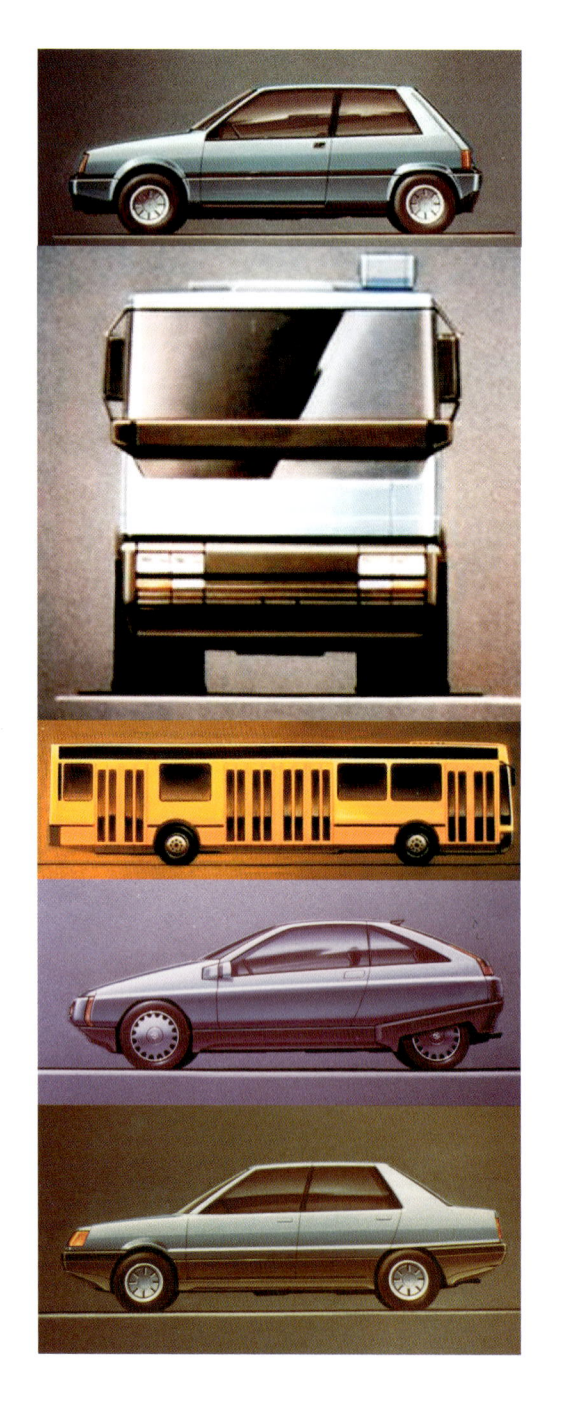

あと、イタリアンデザインはパステルと色鉛筆をメインで使うので、表現方法がマーカーを多用するアメリカ的なモノとはまったく違います。アメリカだとリフレクションの入れ方によってクルマの質感やイメージを描くのですが、そこがまったく違うから慣れるまでは大変でした。

イタルデザインの表現方法は、寸法をきっちり条件通りに守ってレンダリングしなければなりません。全長や幅や高さやレイアウトなど、全て要求される条件どおりに描かなければならない。アメリカのプレゼンテーションみたいに見栄え良くデフォルメしていくのではなくて、正直に、かつ正確にプロポーションを表現することが求められます。だから、イタルデザインの作品はスケッチからモデルにした時に狂いが少なくて、美しいデザインが多いんですね。

４年間のイタルデザインで学んだことは？

すべてが図面ベースだから、ごまかしがきかなくてリアルに描かないといけない。例えば、タイヤを大きくすればカッコよくなる事もあるけど、実際の車はそのように出来ていないから、ある程度忠実に表現する必要があります。
一般的にスケッチの場合、イメージだからあまり寸法を気にしないけど、イタルデザインの場合はイメージスケッチなんてないんですね。サイドビューの図面の中でいかにイメージを表現出来ているか。それが出来ていなければその段階で落とされてしまう。正確さの中でいかに自分のデザインを表現するかが一番勉強になりました。

スケッチのテクニックで魅せる事ができないですからごまかせない。デザイナーの美意識とセンスが顕著に表れます。

デザインの中では必ず条件というものがあります。そもそもイタルデザインは、ドリームカーやショーカーといった車ではなくて、量産車の仕事の方が多かった。だから条件がある中で自分の才能をいかに表現できるかが大事になってきます。すごく要素が少なくて難しいのだけれど。

例えば白い紙に黒い線だけで表現しないといけないケース

を考えてみてください。要素が少ないからこそ、ちょっとした事でセンスの違いが出やすい。寸法を気にしないスケッチだと、色々とテクニックでごまかせますからね。

クライアントはイメージスケッチが欲しいのではなくて、実際に立体になったときに、デザイナーの考えが表現されたものが欲しいんです。

1日にどれくらい働いていたのですか

仕事が終わらないから、朝8時〜夜中2時までやっていました。スタジオでも終わらないから特別に許可をもらって家に持ち帰ってね。車はもちろんだけど、プロダクトもやっていましたから。割合としては8割がクルマで、2割はプロダクト。

今だから言えるんですが、セイコーやニコン、ブリヂストンなど日本の一流メーカーのデザインを私がやっていたなんて、誰も知りません。今になって、それ実は私がデザインしたんですよって言うと本当に驚かれます。

実際働いてみて、イメージとのギャップはありましたか。

ギャップはなかったですね。というより、そんなことをイメージする余裕もなかったというのが正直なところ。イタリアに行った時点で無給でも仕事したかったですからジウジアーロに採用してもらった時は天にも昇る気持ちでした。実際にイタリアで仕事ができるようになって毎日がエキサイティングで毎日が勉強です。でも、絶対にイタリア人には負けたくないという想いはありました。とにかくイタリアで、がむしゃらに学びたいという気持ちだけは強かったですね。はじめの頃は私のデザインは採用されませんでしたが、少しずつ勝率は上がっていきました。

イタリア人というと、陽気で楽観的というか怠け者のようなイメージがある方も多いと思いますが、仕事に関しては全くそうではありません。一人でいくつもプロジェクトを担当しますし、非常にハードワーク。サッカーのイタリア代表も"カテナチオ"といって守備を重視した戦術でしたよね。こと仕事となると、すごい集中力を発揮し、ストイックに堅実に仕事をこなします。

デザイナーでイタリア人以外の方もいましたか？

日本人の私とイギリス人、ポーランド人のジュスティン・ノーレックの3人以外はイタリア人でした。イタルデザインは少数精鋭の体制ですから、カーデザイナーの数は多くありませんが。ジュスティン・ノーレックはのちにI.DE.Aのディレクターになるのですが、当時、社会主義国だったポーランドからカーデザイナーになりたくてイタリアに亡命してきた人で、難民キャンプで生活していたというバックグランドを持っていました。

ポーランドの母国では画材も無く、ひたすら鉛筆でスケッチを描いていたらしく、マーカーのような新しい画材を使いこなせていませんでした。マーカーを使ったスケッチを教えて欲しいと言うので、仕事が終わってから、彼の家に行って夜中まで一緒にスケッチを描いていました。

数年前までは難民キャンプで生活していた彼の境遇を考えれば、どんな環境であってもチャンスを掴むことはできるんだなと思わされます。デザインに対する想いは誰よりも強かった。彼は、I.DE.Aのデザインディレクターになり、その後、タタ・モーターズで"ナノ"のデザインを生み出しました。その成功の後に、新しいデザイン会社をトリノに設立しています。

ジュスティン・ノーレック氏とI.DE.A本社で（1989年）

ジウジアーロのデザインについて教えて下さい。

ジウジアーロは、非常にバランスの良いデザイナーだと思います。ワーゲンを窮地から救ったゴルフはいま見ても素晴らしい。大ベストセラーであるビートルの後に、対極のデザインを生み出してしまうんですから。フィアットを救ったパンダも普遍的な良さがあります。自分でも購入したくらい大好きなクルマのひとつ。その他にも、いすゞ117クーペ、アッソ・ディ・フィオーリといすゞピアッツァ、ショーカーのメドゥーサ、カングーロなど挙げだすときりがありません。

カングーロ

いすゞ・ピアッツァ

常に一緒にいたわけでは無いですからなんとも言えないですが、単なる天才ではなく、努力の人だとも思います。美しいプロポーションのクルマをいくつも生み出した素晴らしいデザイナーで、私の目指す理想のデザイナーに一番近い存在。

ひとつエピソードを言うと、ある日本の有名企業からの依頼で、時計をデザインするプロジェクトがあり、ジウジアーロの作品ではなく私のデザインが採用されたことがありました。とても嬉しかったのを覚えています。

栗原氏のトリノでの足はフィアット・パンダだった（1981年頃）

のちの日本での話になりますが、それまでルノーの仕事は頻繁にイタルデザインが手がけていました。あるプロジェクトで競合し、結果的に私達の会社DCIが選ばれてルノーの仕事を行うようになりました。だから、イタルにはけっこう意識されていたかもしれませんね。

●
ヨーロッパフォードへ
●

だんだんとイタリアの生活に慣れてくると、他の国で仕事をすることに興味が湧いてきました。別のところで勉強したいという想いが強くなり、結果的に4年でイタルデザインを辞めることになります。当時興味があった企業は、フランスのルノー、ドイツのオペル、イギリスのフォード、独立系のデザイン会社であるオーグルデザインの4社。
ただ当時、イタリア語は話せますが、英語はまったく話せなかった。ですので英語が堪能だったジャスティン・ノーレックに、履歴書の書き方や各社に手紙を描くのを手伝ってもらっていました。
数週間後にルノーとオペルのディレクターから連絡があり、わざわざトリノまで来てもらい、食事をしながら面接してもらいました。また、フォードやオーグルデザインからも旅費を出すから面接に来てほしいと連絡がありました。この機会にイギリスの色々なところを見たいと思ったので、旅費はいらないから、夏休みを利用して遊びついでに行きたいと頼んで面接を受けに行きました。
もともとイギリスの歴史には興味があったのと、ヨーロッパのメーカーのデザイナーは日本と比べて会社での地位も高いと聞いていた。そういった環境を経験したいと考えて、

ジウジアーロが書いてくれた推薦状

ヨーロッパフォードに決めました。あとは、ジウジアーロが転職するにあたって推薦状を書いてくれたのも大きかったと思います。

当時のフォード・ダントンスタジオのディレクターはオーストラリア人のロン・ブラッドショーという人で、トリノのカロッツェリア・ギアにいたことがありました。私のイタリアでの仕事も高く評価してくれたのでしょう。面接の場で、すぐに来なさいということになり、即決で入社が決まりました。

1982年頃、フォード開発研究所（イギリス）

英語が話せなくて面接は大丈夫だったんですか？

まぁ話せなくてもなんとなくいけちゃうものですよ。相手の言っていることは少しは分かっていましたので。今ではそう簡単に入社できる企業じゃないと思いますが、当時は変な日本人デザイナーが来たということで、違った要素を持つデザイナーを入れてもいいのでは？という感じだったんじゃないでしょうか。

日本との違いに驚いたデザイナーの立場と待遇

インハウスのデザイナーとして働くのは
ホンダ以来でしたが、何か違いはありましたか？

それは感じましたね。フォードは大企業なのにデザイナーが20名程しかいない。日本の企業であれば何百名といます。日本の場合は仕向地によって車種や仕様が多い事もあり、役割分担して業務を細分化しないと追いつかないっていう理由もあると思います。それに比べればフォードの開発サイクルも決して早くありませんから。

フォードデザインスタジオ　家族のためのオープンデーの様子（1983年）

でもその20名は、イギリスのRCA（ロイヤルカレッジオブアート）、コベントリー・ポリテクニック出身の優秀な人材ばかりでした。まわりのレベルが高いので、スケッチやレンダリングがしっかり出来ないといけない。

あとは、日本と比べてデザイナーの立場が全然違う。フォードだけじゃないけれど、デザイナーの立場が高く、仕事の任せられる幅は違うように感じます。初めてスタジオに入って驚いたんですが、デザイナーは皆スーツを着てネクタイを締めて仕事をしている。私も習慣に則ってスーツを着ていましたが、ネクタイしてスケッチなんて描きづらいよね。シャツやネクタイにインクが飛んでずいぶんダメにしてしまいました。

メインはイギリスでしたけど、ドイツのケルンにある開発センターにも行く事がよくありました。移動手段はフォードの所有するプライベートジェット機。社員の移動のために一日に何便か出ているので、行こうと思った時にすぐに行けるんです。もっと驚いたのが、日本に出張に行くときはファーストクラスで行くこと。デザイナーもモデラーも、若手もそう。日本では考えられないくらい優遇されていました。

　　　ちなみに、まわりが優秀とのことですが、
　　　どんな方がいたんですか？

まず、イアン・カルム。のちのジャガーのディレクターです。ロータスに行き、その後ジャガーでイアン・カルムの片腕となったジュリアン・トンプソン。トム・プラーツはその後、BMWのディレクターになりました。そしてパトリック・ルケマン。のちのルノーの副社長です。

直属の上司のトム・スコットもフォード本社のディレクターになりましたし、のちのルノーのデザインマネージャー、アントニー・グレードも元フォードで同じスタジオ。フォードにいたメンバーの多くは、世界中のメーカーのデザイン部門でディレクターになりましたよ。今でも交流はありますが、ものすごく優秀な人達と仕事ができてよかったですね。

みんな根っからの車好き。良い車を作りたいという雰囲気に満ちていました。クラシックカーが好きで何台も所有している強者や、リビングにジャガーのEタイプをいれて一緒に寝ているデザイナーもいました。

インプットに最適だったイギリスでの生活

イタリアの頃とは違ってのんびりしていました。朝、出勤してからみんなでお茶をして、10時頃にまたお茶をして、お昼になったらパブでランチがてらビールを飲む。15時頃にまたお茶をして、そろそろ帰ろうかで16時には会社から人がいなくなる。冬は夕方になるとけっこう暗いですからね。でも日本じゃ考えられないでしょ？逆に夏は夜の10時くらいでも明るかったから、夕方からみんなでテニスやバドミントンをやってましたよ。

サイモン・コックス氏、イアン・カルム氏、マーク・アダムス氏、トム・プラーツ氏、畑山一郎氏らと。右下が栗原氏。（1983年頃）

イアン・カルム氏とパリモーターショーにて（2008年）

NORI KURIHARA

スポーツ以外にも、ジャズのコンサートに行ったり。あとは、けっこうな頻度でパブに行ってビールを飲んでましたね。ビールによって適温というのがあって、ぬるいビールなんかもあるんです。温度を変えたり、様々な種類の地ビールを試したりと、楽しんでいました。

休日は友人とみんなでBBQをしたりしていました。あとは、田舎の牧草地でクラシックカーのイベントが開催されたり、航空ショーが色んな地域で開催されるので見に行っていました。自動車ミュージアムにもよく行ってました。あとはなんだろうな。植物園に行ったり、お城を見に行ったり、飛行場で友人のセスナを操縦させてもらったりもしました。

イタリアの時とは、仕事もスローでやり方もまったく違ったので、少しだけ物足りなさはあったけど、楽しかったですね。

当時のお仕事はどんなことをされてましたか?

フォード・トランジットという商用車があるんですが、それをベースにした、エグゼクティブ用の移動車のデザインを任されました。コンペは無し。エクステリアからインテリアまで私ひとりでデザインしていいことになったので、非常にワクワクしました。

おそらくエグゼクティブな方は、自分とはかけ離れている生活スタイルですから、色々と想像を膨らませるのも楽しかったです。クルマの中でいい音楽を聞きながらシャンパンを飲みながらビジネスなんてね。

ロールスロイスをデザインする人が、必ずしもターゲットユーザー層と同じ生活をしている訳ではないですね。想像しながらデザインするのは純粋に楽しいですよね。

あとは、エクステリア、インテリア、カラートリムのスタジオなどを経験した直後くらいだから、入社2年くらいの時かな?当時の上司であるディレクターのアンディ・J・ギブソンが私専用のスタジオを作ってくれました。専属モデラーが付いて、NORIの好きな事をしていいよと言われたんです。

フランソワタルー(マネージャー)、ジム・サイモンズ(スタジオマネージャー)とトランジットの前で(1984年頃)

| 159 | Ignition

NORI
KURIHARA

フォードでの栗原専用スタジオにて。専属モデラーのジム。

フォード時代のスケッチ

いまだにどうして作ってくれたかはよくわかんないですけど。新車種のデザインなど、好きな仕事ばかりやっていたので、すごく楽しかったですよ。他には、デザインセンターの入り口に絵を描いてくれと頼まれました。私の絵がたくさん飾られたんですけど、さすがに全て私のサインが入っていると、問題ありだから、サインはしないでと言われました。私は自分が描いたんだと主張することにあまり興味が無かったので、それ以降はスケッチにサインをしなくなりました。

エントランスを飾るインテリアスケッチは全て栗原の作品。

フォードで得た人脈、そして日本への帰国

フォードにいた時の一番のメリットは、アメリカ、イタリア、フランス、ドイツ、オーストラリア人など、世界各国にネットワークができたことですね。このようなインターナショナルな会社に属せたことは本当に大きかったと思います。

色んな国の人がいると、文化や考えの違いで衝突することが多いと思うでしょ？ですが、そんなことよりもデザイナーならではの共通点をよく感じていました。人に対する思いやりだったり、デザインの感覚だったり、ライフスタイルのことだったり。とにかく共通点を感じることのほうが多かったです。逆に日本に帰ってからの方が、違和感を感じましたね。

ドイツフォードには畑山一郎さんという日本人がいました。彼は上智大学を出て、アートセンターを卒業した後にフォードのケルンスタジオに来ていた。飛行機の免許を持っていたので、彼の操縦で色々と遊んだりしていたんですね。そこで話が盛り上げって、いつかなにかやりたいねという話になり、一緒にプランニングをしました。そのままヨーロッパで会社を作ることも考えましたが、その当時の日本には活気があったのと、日本でやりたいという理由も色々とあったんですね。

彼は非常に頭がきれる。私の方はその時点で実務経験が数年あったので、組み合わせとしてはいいかなと思いました。彼はフォードからその後、1年BMWの研究所に行き、Ｚ１というユニークなオープンスポーツカーのデザインを完成させた後、日本に戻りました。

私がヨーロッパフォードを辞めるときも、みんな応援してくれてとても嬉しかったのを覚えています。

海外のデザイナーが活躍できる会社を
日本に作りたい

DCIという会社を箱根に作りました。デザインクラブインターナショナルの略です。イタルデザインのようなインターナショナルな会社になるように、そして、ここ日本から世界に向けて発信するんだという想いを込めました。

イタリアやイギリスで仕事が出来たことは本当に感謝しています。私のような海外で縁もゆかりもないよそ者をよく雇ってくれた。当時ヨーロッパは不景気で余裕もなかったと思うのですが、得体のしれない東洋人に優しくしてくれました。だから私はここ日本で、同じような事をしたかったんですね。恩返しと言うと大げさかもしれませんが、若手の外国人デザイナーに異国で活躍してもらい、色々と経験して欲しいと思っていました。

海外からは１０名くらいデザイナーを雇用していましたよ。イタルデザイン出身のイタリア人、ポルシェ出身のドイツ人、フォード出身のアメリカ人やイギリス人、韓国人もいました。本当にみんな優秀。何年か仕事をしたあとでDCIから

NORI
KURIHARA

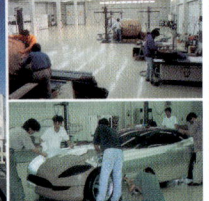

DCI 本社・デザインスタジオ

外国人デザイナーも多く活躍していた

DCI の開発センター・モデルスタジオ

DCI 後、ファビオ・フィリッピーニはピニンファリーナのデザインディレクターに（2013年）

DCI 後、トゥーリオ・ギージィオはベルトーネのデザインマネージャーに（2013年）

転職する人もいるのですが、ルノーに3名入り、そのうちの一人はディレクターになりました。その他にもピニンファリーナで現ディレクターを務めるファビオ・フィリッピーニ、CCS※3の教授になったポール・スナイダーなど、多岐に渡ります。DCIで働いている日本人にとっても、外国人デザイナーのもたらす刺激は、クリエイティブな面でプラスに働いたと思いますよ。

外国人デザイナーはどうやって集めたのですか？

人づての紹介がやっぱり多かったですね。ポートフォリオが送られてくることもよくありました。カースタイリングの裏表紙に、DCIの広告を毎号載せていたから、それを見て連絡があったんでしょうね。

偏見を持たないことは大事なことです。みんな同じ土俵であること。私は外国での生活が長かったから、当たり前に思っていたけどね。日々の業務の事で言えば、なにごとも曖昧にせず、しっかりと明確に伝えることも意識していまし

た。当時日本で外国人を積極的に雇っている企業は少なかったので、自動車メーカーから、外国人の雇用条件や事務的な手続きの事についてよく聞かれました。

あとは、クリエイティブなデザインが生まれやすい環境にすることを心がけていました。当時の日本のメーカーのデザイン部門は、一般事務職と同じようなグレーの事務机で仕事をしていた人も多かったと思います。海外では、キレイな職場でワクワクするようなデザインスタジオでビックリしましたよ。こういう環境がクリエイティブさをさらに高め、良いプロダクトが生まれやすいと私も働いて実感したんですね。

日本ではデザイン部門だけ優遇するという事もできないし、コスト的な厳しさや、デザイナーの地位が低いという事もあったから、色々と難しかったんでしょうけど。

※3 CCS = カレッジ・フォー・クリエイティブ・スタディーズ。デトロイトに構える1906年に創立された芸術大学。全米で最多数の自動車デザイナーを輩出した大学と言われている。フォード自動車の創設者であるヘンリー・フォードの孫娘より、5,000万ドルの寄付がなされ話題となった。

だから、DCIでは都内の青山や六本木とかではなくて、自然が溢れ、かつアクセスも悪くない、日本の風情も感じる事ができる、そんな場所にしたいと考えた結果、箱根になりました。都内にも近く、自然も多く、日本有数の観光地で、海外からのお客さんにも喜んでもらえるだろうと、色々な面を考慮して決めました。

スタジオは、標高が600メートルくらいの所にありましたが、医学的にこれくらいの標高が一番脳の活性化に良いらしいですね。この場所で良いアイデアが生まれなければどこに行っても生まれないよね、と冗談で言っていました。

DCIの15年間で最終的に、約1400坪の土地に3つのデザインスタジオを建て、モデルスタジオを小田原にひとつ構えました。全て銀行からの借金。想像できないくらい多額でしたが、私がDCIを去る頃までには全て返済しました。

順風満帆に見えますが、はじめは大変なこともあったのでは？

もちろんありましたよ。箱根にオフィスを構えるまでは、知り合いの方にマンションを借りて半年くらい小田原でやっていました。まだ日本に戻ってきたばかりで、仕事がないにも関わらず、すぐに従業員を5〜6名雇って。資本金5,000万円を集め、会社を始めたわけなんですが、最初の2〜3ヶ月でみるみる無くなっていって底をつきそうになった。会社の経営なんてやったことなかったですし、これはヤバイと。売上も無いのにどんどん出費がかさんでいきました。

資金が底をつきかけた頃ですが、一番初めはマツダやいすゞの仕事でした。モーターショーのショーカーの依頼です。2年目になり少しずつ仕事が入ってきて、よく徹夜をしていましたよ。日本の大手メーカー含め、ヨーロッパでも少しずつ注目されるようになり、ルノーとの話もその頃でした。海外で経験を積んで、自動車メーカーに行く人はいても、自分で会社を立ちあげて海外のクライアントからデザインの仕事を受けるケースなんてありませんでしたからね。

日本のメーカーに対しては、畑山さんと私のインターナショナルな人脈をいかして、プロジェクトをいくつも立ちあげました。日本のメーカーは海外のデザインを取り入れたいのですが言葉や文化の違いという壁があったり、海外とのパイプ自体が無かったりと多くの問題がありました。そこに我々の価値があった。日本と海外の間に入るのですが、ただ紹介して繋ぐのではなくて、我々がクリエイティブディレクターとして中心に進めていく。

日本のメーカーのデザインプロジェクトを、アメリカ・イギリス・オーストラリア・イスラエル・ドイツ・イタリアなどにいるデザイナー達に伝え、スケッチをしてもらうこともありました。立体のモデルもそれぞれのデザイナーの現地で造って、送ってもらったりもしていました。

世界中のデザイナーに声をかけると、本当に色んなデザインが集まり日本メーカーにとってもプラス面が多かったと思います。あとは、イタリアにG-Studioという有名なモデル会社があり、そこの社長のガリッツィオとは親しかったので、私を通して大手国内自動車メーカーのモデル制作を数多く請け負いました。デザインも面白いけど、こういったディレクションも面白いなって思いましたね。

九谷焼から航空機まで、あらゆるものをデザインする

自動車以外にも色々とやりました。重機や建設機械、テニスやゴルフ用品で有名なスポーツ用品メーカー、パチンコ、医療用ベッド、携帯電話、スキューバーダイビングのゴーグル、PCやプリンター、あとはなんだろうな。ある時計メーカー

プロデュースまで担当した新製品の発表会。イメージキャラクターに乗っているのは栗原本人（1996年）

| 163 | Ignition

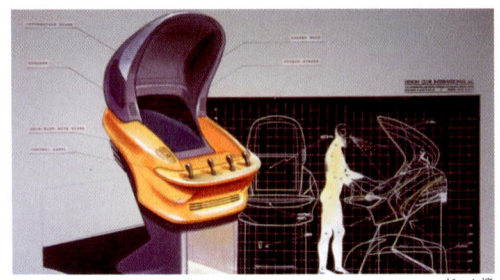

のF1グッズや、大手広告代理店とジョイントして、ジャンボ機よりも大きな航空機をデザインするプロジェクトもありました。面白いデザインであれば、九谷焼の陶器ですね。クラフトの世界に対し、カーデザイナーからの提案。DCIブランドでお皿やカップを3万円くらいで発売しましたが、高すぎてあまり売れなかったような…。

詳しく教えて下さい。

パチンコのプロジェクトは、当時パチンコ台の枠を金属から全てプラスチックにして、有機的なデザインに変更しました。デザインだけの力によって売上が上がったとは言えないかもしれませんが、事実、シェアが相当あがり、その後継続的に仕事が続きました。

某スポーツ用品メーカーの製品はほとんど全部デザインしていました。たまたまなんですが、出張で滞在していたパリのホテルで、プロテニスプレーヤの伊達公子さんにお会いしたときに、「あなたのラケットのデザインをしている者です。応援しているので頑張って下さい」なんて事を言ってナプキンにサインをもらったこともありましたね。

飛行機の仕事も面白かったです。機体（エクステリア）とインテリアのデザインだったんですが、機体は100分の1のモデルに、インテリアは実物サイズで5列程度、1年をかけて造りました。ベットルームや読書ができるカフェスペースなど、快適な空の旅をイメージしてデザインしました。バブリーな時代だったので採用してくれるかなと思いましたが、そこまでは通りませんでした。でも、今のエアバスA380のレイアウトを見ると、我々が当時提案したことは間違いではなかったように思います。

思い出深いのはオートバイのデザイン。本当のことを言うと、私個人としてはオートバイのデザインをすぐにでもしたかったのですが、昔務めていた会社に、頭を下げて仕事は貰いたくなかったですから、声をかけてもらえるまで意地でも営業に行きませんでした。カッコいい事を言っていますけど、他の仕事があったからっていうのもあります。もし仕事がなかったらこちらから行っていたと思います。

タクシープロジェクトにも力を入れていましたが、これがなかなか難しい。イギリスではロンドンタクシーという名物がありますが、街並みに馴染んで、タクシー自体が観光のひとつとなっています。日本でもそのような事をしたいと思いまして、現在も水面下でプロジェクトを進めています。

ルノーと築いた信頼関係

ビッククライアントは？

何社かのヨーロッパのカーメーカーのデザインを受けさせていただいたんですが、その中でも長年素晴らしい関係を築いてこられたのはフランスのルノーです。フォードの時にディレクターだったパトリック・ルケマンがルノーに移り、デザイン担当の副社長を務めていました。会社は不景気で経済的に悪い状況を、デザインの力で立て直すことが彼のミッションだったんですね。ルノーは国営企業だったので、新しいイノベーションを起こすという空気もなかったんでしょう。それを打破するために外部のデザイン会社とのコラボを考えていたんです。DCIを起こして1年くらい経った頃、ルノーの幹部数人が箱根のスタジオを訪ねてくれたんですが、彼らが帰国後、少しして、副社長のパトリックからパリでミーティングをしたいと連絡がありました。

それで、パリに出向き、ルノーのやりたい事や目指す方向性、いろんな可能性について話し合ったところ、具体的な仕事に繋がりました。彼が決済する立場にあったので、ビックリするほど予算も多く、色んな提案をする事ができました。当時のルノーはアイデンティティが希薄で、特徴のない車が多かった。パトリックからも、フランスらしいアイデンティティある車を日本で考えてほしいという要望でした。退屈なクルマはフランス人も好きじゃありませんから。

東京タクシー「RACOON」（1991年）

シティータクシー「CAT」（1998年）

2020年東京タクシープロポーザル

2020年の東京オリンピックに向けて、そのようなタクシーが走らせる事が出来れば最高ですね。

ルノー・デザイン担当副社長のパトリック・ルケマン氏と

ルノー・デザインマネージャー幹部たちと長期契約を結ぶ。1993年頃。

NORI KURIHARA

デザインスケッチ

フランスから見た日本は
当時どのような印象だったのですか？

フランス人って日本の文化をものすごくリスペクトしているんです。特にアートは日本文化に大きく影響されています。例えば古くからモネなども日本の美を作品に取り入れているし、現代のファッション業界でも、日本ブランドが進出していて、クリエイティブさが光っている、という印象を持っているんじゃないでしょうか。日本の美的感覚に興味があるし、それを取り入れたいとも思っているように感じました。

ルノーは元々イタルデザインと
仕事をしていたのでは？

元々はそうですね。その後、DCIはイタルデザインとコンペになり、私達が選ばれました。当時ルノーのトップである、レイモン・レビー総裁には、パトリク・ルケマンがプレゼンしたのですが、DCIから提案されたデザインモデルに30分間、じっと座って離れようとしなかったそうで、こんなこと初めてなんだ、とパトリックが興奮して連絡してきたのが印象に残っています。そんなこと？と思うかもしれないですが、毎回数分で切り上げるような方が、じっくり聞いてくれたと言うんですから、それは驚きました。それくらい気に入ってもらえて、嬉しかったですね。直接、「お前とは長く契約したい」と言われ、仕事がスタートしました。

ルノーとイタルデザインは長期に渡って良い関係でしたけど、ジウジアーロのデザインになってしまっていました。これからはルノーのアイデンティティを大切にしたデザインが欲しい、という事だったんですね。それからは、DCIとの契約は約15年続き、私は全てのプロジェクトの総監督になりました。

パトリックからは独占契約にしようとも言われたんですが、日本メーカーも含め色々とデザインをしてみたかったので、ありがたい話だったのですが、独占契約ではなく長期契約という形にしてもらいました。仕事の比率としては、ルノー50％で日本のメーカーが50％って感じですかね。

その間は月1のペースでフランスに行っていました。年12回を15年続けましたから、かなり行きましたね。しかも、

パトリック・ルケマン氏、デザイン・チーフエンジニアのレミー氏とDCI開発センター（小田原）にて。

| 166 | Ignition

全て飛行機はビジネスクラスで、一流ホテルをルノーが用意します。我々のスタッフの分も払ってくれていました。

初プロジェクトのスタート時にフランスへ行った時は、パトリックを筆頭にデザイン幹部が8人くらい集結して、セーヌ川に浮かぶルノー所有の大きなボートで特別なウェルカムディナーをしてくれました。日本人が大切しているホスピタリティのような精神が似ているなと思いましたね。だから、私もルノーの人達が日本に来た時は、観光バスをチャーターして、色々なところを案内しました。

ルノーのデザインはどう変わった？

DCIが関わった量産車はいくつもあります。例えばトゥインゴのインテリア、カングーのコンセプトモデル、エスパス、アヴァンタイムなどのプロジェクト、それからショーカーなどを提案していきました。企画から自由に発想して提案していいよというプロジェクトの方が多かったですね。その頃、よく、フランスやヨーロッパの自動車ショーに私がいて、ルノーの方達と話をしていると、日本のメーカーの方々からは不思議そうに見られていました。本当のことはおおっぴらに言えないから、仲が良いだけですよって答えていましたけどね。

そうやって、口コミや、メディアにも取り上げられたりしたからなのかな。テレビ局や建築会社からの取材もよくありました。

一番はじめに目をつけてくれたのは、クライスラーのデザイン担当副社長のトム・ゲール氏。幹部スタッフを引き連れ箱根のスタジオに来てくれました。その後、ドイツからはスズキ「カタナ」のデザインで有名なハンス・ムート氏や、イタリアの有名デザイナー、アルド・セッサーノ氏、ポルシェのデザインディレクター、ハーム・ラガーイ氏なども来てくれました。変わり種は作家の村上春樹氏など、そうそうたる方々が我々のスタジオをのぞきに来てくれたんです。箱根の別荘地でクルマのデザインをする会社なんて、本当に珍しかったんでしょうね。もちろん当時はインターネットなんて無いですから、すべてFAXでやりとりしていました。

DCIを去る

15年間勤めてひとくぎりだからってスタッフの皆には言いましたよ。私は副社長という立場でしたけどすべての実務を取り仕切っていましたし、スタッフも40名程に増えて、会社も好調で赤字にならずに健全そのものでした。ですが、デザイン会社としては大きくなりすぎたのかもしれません。評価される会社になりましたが、いつもこれで良いのかという戸惑いがありました。

デザインをやりたくてデザイナーになったのに、マネジメント業務が増えていき、実務の少ないデザインディレクターになってしまっていた。やはり自分としては現場に近いデザイナーとして活躍したいという気持ちがあり、15年という区切りや諸々を考えてDCIを辞める決意をしました。

ちゃんとルノーの副社長であるパトリックには相談しに行きましたよ。DCIには優秀なスタッフがたくさんいるから、自分が辞めても仕事は続けてほしいと伝えたのがDCIとして最後のパリ出張だったかな。

DCIを去ってから、3ヶ月くらいカリフォルニアで遊んでいたら、急にパトリックから連絡がありました。お前がいないからDCIとは取り引きをやめたと聞かされ、やっぱりNORIとやりたいから一緒にやろうというオファーをもらいました。

パトリック・ルケマンとアントニー・グレード部長ファミリーと。
名士しか会員になれない、パリ・コンコルド広場に面したフランス自動車クラブのレストランにて（1999年）

NORI, inc. 本社。2001年頃。

NORI, inc. の設立

DCIでの事もありましたから、次は小さい組織で小さい会社をやりたかった。小田原でスタジオを構え、一人でスタートしました。少しずつ知り合いの紹介や新卒の子を雇ったりしながらね。DCIから引き継ぐ仕事はしたくなかったので、こちらから営業はしなかったんですが、クライアントから私にオファーが来たところに関してはお付き合いを始めました。

デザイナーとしては嬉しい事ですよね。真っ先にコンタクトしてきてくれた、某自動車メーカーとは今でも一番親交が深いですし、毎年沢山のデザイン提案をさせてもらっています。その後は、モデルスタジオも建て、最小限の人数で場所を確保してクレイモデルやショーカーなどをずいぶん造りました。

ただいつの時代にも流れはあります。リーマン・ショックなどもあり、自動車業界もかなりダメージを受けました。合併やら事業縮小のニュースはとても多かったですね。ルノーとの仕事も、日産とアライアンスを組んだこともあり、外部に発注する必要もなくなっていきました。

そんな中で仕事依頼が増えたのが中国です。中国といっても外資系のGMやクライスラーとの仕事がメインだったから違和感は無かったんですが、深く入り込んでいくと、どうも中国流のビジネス展開に違和感を覚え、結局10年程で中国のデザインプロジェクトを辞めることにしました。

お金やデザインや人に対してなど、色々と違いが大きく、物事が円滑に進まないんですね。あんまり思い出したくない事ですが、ショーカーをデザインして造った際に、仲介する人が5000万円を持ったまま逃亡しちゃったこともありました。結局そのお金は取り戻せませんでしたが、これがきっかけで中国との仕事は完全に辞めることにしました。

今は、国内メーカーとのプロジェクトがメインになっています。ずっと海外への出張ばかりでしたから肉体的にとても楽になりました。代表も変わりましたので、煩わしい会社を経営する業務から開放されました。今はデザインに集中できる立場にあるということが何よりの喜びです。

クレーンのデザイン

NORI KURIHARA

チョロＱ電動カー

長年に渡り、車雑誌にコラムと共に提案している

| 169 | Ignition

いくつになっても人から刺激を受けるために

藁塾（わらじゅく）というセミナーをマネジメントクラスのデザイナー向けに開催しています。RCA（ロイヤル・カレッジ・オブ・アート / 王立美術院）のフェローでもあり、ブリヂストンの顧問をしていた林英次さんと共にね。林さんは自動車メーカーをはじめ、日本メーカーのモノづくりに関して多岐にわたってアドバイスをしていて、デザインの指南役として多くの方から慕われている人望の厚い方です。

彼が塾長、私が事務局長という立場で始めました。その後、デザインジャーナリストの有元正存氏と東京貿易の上田社長にも加わって頂き、最強の布陣で運営しています。

パトリック・ルケマン氏、本田無限の本田博俊氏、日産デザインの中村史郎氏、三菱デザインのオリビエ・ブーレイ氏、元アメリカ日産社長の（故）片山豊氏、イタリア G-Studio のアリーゴ・ガリッツィオ氏、イギリスからはモールトン自転車のアレックス・モールトン氏、アメリカからはアートセンターのリチャード・コシャレック学長など、本当に多岐にわたる人達を、ゲストスピーカーとして招いて講演してもらいました。韓国、上海、タイ、インドなどのデザイン視察ツアーもやりましたよ。第1回が1998年だから、17年以上経つんですね。40回以上開催しています。

人のつながりは本当に大切です。僕は本当にいろんな人達に助けられ、刺激を受け成長できました。ひとりでは決して出来ない事です。優秀なデザイナーは常に刺激ある生活をしていますし、デザイナーとして一番大事な資質かもしれない。日本に戻って来てから、刺激があまり足りないと感じていましたので、こういった交流を目的としたセミナーを始めました。藁塾は、メーカーに属していない私達が企画するのが適任だと思っています。

塾生も各自動車メーカーのデザイン部長、役員など200名以上になりました。色んな方と出会い、刺激を感じた方が新しいデザインが生まれやすいですからね。藁塾を通して、人の輪が広がり刺激がもらえる、そこから良いデザインが生まれる。新しい車が完成して、話題になるという事までできれば最高です。

デザイナーである以上、勉強し続けなければいけません。現場から離れると、こういう気持ちを忘れてきます。大きい会社だから当然マネジメントや綺麗事では片付けられないこともあるでしょう。でも初心を忘れずに常に謙虚で前向きに、という想いですね。

藁塾・塾長である林英次氏（ブリヂストン顧問）と。2010年頃。

藁塾セミナーでの一コマ

アメリカ・アートセンターの教授陣がゲストスピーカーにもなった

塾生のインドツアーも実施された

Car Design Academy に込めた想い

20年に渡り、桑沢デザイン研究所でカーデザインを教えています。メーカーにも多くの卒業生を送り出しているのですが、私の授業を取っている学生以外に対してはカーデザインを教える術がありませんでした。

カーデザインを学ぶ学生は年々減っているんですね。雑貨やグラフィック、アニメ、WEBのデザインは人気が高まっているようですが、カーデザイナーになりたい、という学生は桑沢でも1学年に数名しかいません。ここ日本では、どこの学校でも同じことが起きています。

そうなると、学校としては質の高い教育環境を用意することは難しくなってきます。わずか数名の生徒のために良い講師と、満足な設備、カリキュラムを用意できるはずがありません。メーカーとしても良い人材を獲得することが難しくなってきます。全国各地の学校に数名ずつしかカーデザイナー志望がいない訳ですから、直接教えに行っても非常に効率が悪い。

では、アートセンターやCCSといった海外の有名校はどうでしょう。何十名、何百名とカーデザイナーになりたい学生が毎年入学してきます。某学校は卒業するまでに2000万円ほどかかりますから資金も潤沢です。毎日のようにメーカーから現役のデザイナーが授業にやってくる。最高の設備で、現役のプロから最先端の指導を受けることのできる環境が海外にはあります。

その一方で、経済的な問題や、住んでいる場所の問題でカーデザイナーになるという夢を諦めてしまう人はとても多いんですね。日本だけでなく、海外に目を向けると非常に多くの人がカーデザイナーになるという夢を追いかけることすらできない。

こういった現状はカーデザインに携わる人なら誰しも分かっています。変えていかないといけないという風に感じているわけですが、色々な背景からメーカーも大学側も動くことが出来ない。それなら私達流のやり方でトライしてみよう、ということで始まったのがCar Design Academyというプロジェクトです。

インターネットが発達した今、ヨーロッパやアメリカだけでなくアフリカだって、私が今まで培ってきた経験を伝える事ができます。これからは途上国の方がクルマは売れます。デザインをする上でも地域性の理解が必要ですし、活躍できる場はこれから格段に広がっていくでしょう。

現に、Car Design Academyの英語版では、インド、エジプト、フィリピン、ウクライナ、ポーランド、ウルグアイ、ハンガリーなど、国籍人種関係なく、多くの若者が学んでいます。工学系の大学に通いながら受講する人。ファッションデザイナーからカーデザイナーに転身したい人。バックボーンの異なる人たちが切磋琢磨しながら日々スキルを磨いています。

企業側にとっても、Car Design Academyは効率的に学生にアプローチすることが出来る魅力的なプラットフォームになると思います。ここで授業を行えば、日本だけでなく、世界中の人材に簡単にアプローチすることができるのですから。

誰でも受講できる費用で、最高の講師陣がカーデザイン教育を提供する。

こんなに面白くてワクワクするカーデザイナーという仕事を次の世代に幅広く伝えていくことが私達の使命だと考えています。

▲ Car Design Academyのこれから

2013年8月5日、Car Design Academyは開校いたしました。いちカーデザイン会社がなぜ、このようなプロジェクトを行うようになったのか。我々の目指すところは何なのか。カーデザイン教育の現状をお伝えしながら、ご説明していきたいと思います。

株式会社Too.と合同で行ったコピックワークショップ

まず、読者の方に知っておいて頂きたいのは、カーデザイナーを目指す若者が減少しているということです。明確な統計は出ていないものの、各学校やメーカーの人事部にヒアリングをした結果から推測するに、ここ20年で5〜10分の1程度に落ち込んでいることは間違いなさそうです。

優秀な人材が育たなければカーデザインに未来はない、というのが大方の総意ではあるのですが、さらに悪いことに、日本の18歳人口は2018年から減り始めます。いわゆる2018年問題というもので、大学進学者数が2018年の65万人から2031年には48万人になってしまい、私大だけでなく、地方の国公立大まで潰れてしまうと言われています。13年の間で大学進学者数が25%以上減少してしまう、と言われてもイメージがわきにくいと思うのですが、これは1000人規模の大学170校分の学生が消えてしまうということを意味しています。

つまり、カーデザイナーを目指す若者が減り、学校の懐事情までさらに厳しくなってしまうということが重なると、良質なカーデザイン教育を受けることのできる学校が減少、もしくは最悪のケース、消滅してしまう恐れがあるということです。これは架空の話でもなんでも無く、ここ十数年の間に現実に起こりうる話だと認識しなければなりません。

そして、その問題に対するアプローチとして、Car Design Academyというプロジェクトは発足されました。誰でも、どこにいても、自分の好きな時間に良質なカーデザイン教育を受けることができる。デザイナー達の情報を発信し、カーデザインとの接点をつくる。プロジェクトの第一の目標は、カーデザイン教育の環境を整え、カーデザイナーを志す若者を増やす事にあります。

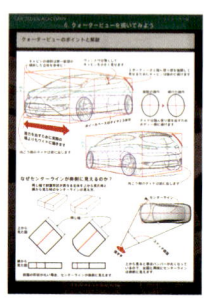

コースで使用されるテキスト

第一の目標と書きましたが、このプロジェクトには第二、第三の目標も存在しています。またとない機会ですので、もう少々お付き合いください。

これまで、日本国内の話をしてきましたが、世界に目を向けると、日本の何倍ものカーデザイナーになりたいという夢を持つ若者がいます。有名な学校に通い、現役のデザイナーからスキルを学んでいる者もいれば、マーカーすら手に入らない環境にいる者まで様々。

日本も含め、世界中に散らばっているカーデザインが好きで好きでたまらない方々が、自分のデザインを競い合ったり、情報を共有できるプラットフォームを創りだす、というのが我々の第二の目標です。

黙々と一人で練習するのもいいですが、さらなるクリエイティブを引き出すためのこのような仕掛けがあったとしたらどうでしょうか?

たった今、練習で描いたスケッチを発表できる。その感想やアドバイスが返ってくる。デザインコンセプトを出しあう。ディスカッションする。コンペで競い合う。国境や人種を超えてオンタイムで繋がる仕組みによって、次のカーデザインが生まれてくるのではないかと期待しています。

これは一例ですが、我々が描いていることが実現すれば、自国に居ながらにして、アフリカで若者に人気の車種や、インドネシアならではのクルマの使われ方などを、すぐに知

| 172 | Ignition

ることが可能になります。

また、このプラットフォームにアマチュアだけでなくプロのデザイナーが参加することで、さらなる広がりをもたらすでしょう。毎月のように、世界中の方を対象としたコンペティションを開催することもできます。多くの才能が集まる場ができれば、自動車メーカーとしても、世界中から良い人材を発掘するチャンスが増えます。それは、より多くの人に平等な採用の機会が与えられることを意味しています。

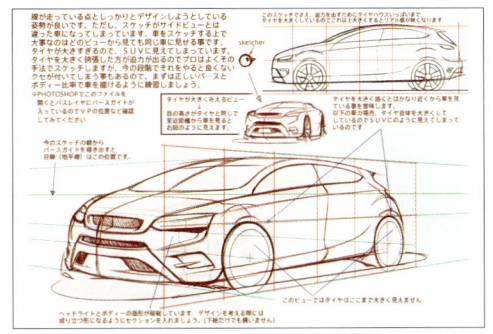

講師からの添削アドバイス

最後に、我々の第三の目標です。それはカーデザイナーが活躍できる場を増やす、ということです。自動車メーカーのデザイン部で働くことや、我々のようなデザインスタジオだけがカーデザイナーとしてのキャリアと思われがちですが、そうではありません。モデル製作会社を始め、パーツメーカーやデザイン部署を持っている鉄道車両メーカー、建設機械メーカー、カスタムカーメーカーなどにも活躍の場は残されています。

新卒で自動車メーカーに入れなければ、就職浪人をするか、夢を諦めるかの二択になってしまう現状だと、カーデザインを学ぶこと自体が、非常にリスキーな選択と捉えられてしまいかねません。それだと他業界に流れている優秀なデザイン学生を呼び戻すことはできないでしょう。

新卒で自動車メーカーに入ることだけしか道はない、ということではなく、カーデザインに関わる職に就き、仕事を通じて経験を積むことで、スキルアップをしながら次のキャリアを狙っていく。

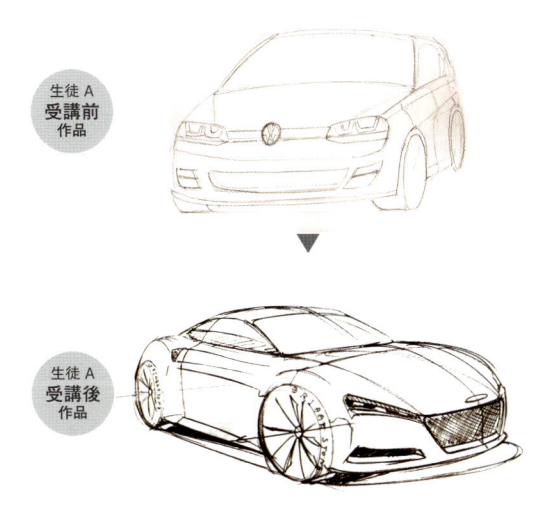

生徒A 受講前作品

生徒A 受講後作品

実際に、NORI, inc.に過去在籍していたデザイナーも、何人も自動車メーカーへ中途入社していますし、その他にもパーツメーカーや、自動車業界以外から自動車メーカーに転職した方も存在しています。

先ほどお話しした第二の目標であるプラットフォームを実現させ、採用マーケットを更に活性化させることで、より多くの人にカーデザイナーとして活躍できるチャンスが巡ってくる。

これまでお話ししてきた三つの目標を実現させることで、自動車デザイン業界のエコシステムを創造していく、というのが私達の目指すところとなります。

「モノを創ることが大好き」
「デザインのことを考えていたらあっという間に時間が過ぎてしまう」
「多くの人を虜にするプロダクトを創りたい」
「乗り物をとりまく全てのことが大好き」

そんな想いを持った才能ある方が、思う存分活躍できる世界に必要なモノは何か。

私達の挑戦は、まだ始まったばかりです。

| 173 | Ignition

あとがき

まずは本書「Ignition」を手に取り、ここまで読み進めて頂き誠にありがとうございます。厚く御礼を申し上げます。

本書では、19名のカーデザイナー達へのインタビューを通して、クルマをデザインすることの魅力、苦労、そして喜びを描き出そうとしてきました。デザイナーたちの熱量が、その生きた声が少しでも伝わったならこれに勝る喜びはありません。

さて、このあとがきでは堅苦しい話は置いておいて私の話をしたいと思います。
実は私はカーデザインという世界とはまったく異なる業界にいたわけなのですが、本書にも登場します栗原典善氏と出会ったこと、そして縁が縁を呼び、Car Design Academy の設立、そして運営に携わることになり、こうして本書を書いております。そこに至るまで紆余曲折あったのですが、それは長くなるのでまた別の機会に。

そんな私がまず感じたことは、デザイナーが糸を紡ぐようにして描く、そのスケッチの美しさです。街で見かけるクルマ、知っていたはずのクルマですが、その原型、ある意味産まれたままの姿を知り、衝撃を受けました。

なぜそれほど美しいのか？ 答えはすぐには分かりませんでしたが、多くのデザイナーに会い、話を聞き、彼らを知るにつれて、なるほど当然だと思うようになりました。

彼らの描く作品はなぜ美しいのか？ それは"最高のオモチャ"を手に入れた子供が、その情熱を持ち続けながら一心不乱に描き続け、年輪を重ねるように長い年月をクルマに注ぎ続けた結晶だからです。先ほど、糸を紡ぐようにして描く、と表現いたしましたが、糸を紡ぐのは根気のいる作業です。また、様々な要素を織り交ぜながら、デザインをつくり上げていきます。その重ねて来たものがデザインに宿り、それがたまらなく美しかったのです。

本書をご覧の通り、カーデザイナーになるのに正解はありません。デザイナーたちは手探りの中で自分を磨き、奮い立たせ、前例のない挑戦を続けて今に至っております。本には入り切らなかった、そのバイタリティあふれる行動や裏話もたくさん聞けました。

わたしは彼らを愛し、尊敬してやみません。そしてこのカーデザインという、素晴らしい技術を次世代に繋ぐのがわたしの使命だと思っています。

話を戻しましょう。この本はとにもかくにもカーデザイナーを目指すあなたに届けたかった本です。もちろんカーデザイナーを目指していない人でも、クリエイティブな仕事に従事する全ての人に刺激的な本だと確信しておりますが、一番はクルマを愛するあなたにこそ読んで頂きたかった。

「カーデザイナーを目指す人が挑戦できる環境を作りたい」
「アマチュアの時代からプロにデザインを見てもらえる仕組みを作りたい」
「日本中、世界中のカーデザイナーと繋がるプラットフォームを作れないか」
「カーデザインの技術を持った人に更なる活躍の場を創れないか」

道半ばですが、ありがたいことに多くのデザイナー達やカーメーカーの協力を得ることができ、既に100名以上の受講生が Car Design Academy で競い合うように学んでいます。

私達の挑戦は、まだ始まったばかりです。本書により、あなたの心に灯がともり、それがあなたの歩く道を照らす道しるべとなることを願って。

2015年5月7日　晴天
NORI, inc. 代表取締役　仲宗根 悠

Ignition
It's your turn.

- ●編著（インタビュー）／ 仲宗根悠
- ●監修 ／ 栗原典善
- ●編集協力 ／ 国本浩

- ●取材協力 ／ 米山知良、桑原弘忠、池田聡、塩野太郎、山下敏男、服部守悦、石井守、松山耕輔、木村徹、石崎弘文、やまざきたかゆき、根津孝太、徳田吉泰、サンティッロ・フランチェスコ、小田桐亨、服部幹、トゥーリオ・ルイジ・ギージオ、フォルガー・フッツェンラウフ、栗原典善（掲載順／敬称略）

- ●スペシャルサンクス ／ CAR STYLING、株式会社クロコアートファクトリー、ダイハツ工業株式会社、富士重工業株式会社、日野自動車株式会社、INTERROBANG DESIGN 株式会社、株式会社本田技術研究所、川崎重工業株式会社、桑沢デザイン研究所、メルセデス・ベンツ、株式会社ネプチューンデザイン、日産自動車株式会社、pdc_designworks、PICMIC 株式会社、スズキ株式会社、静岡文化芸術大学、株式会社総合車両製作所、首都大学東京、東京コミュニケーションアート専門学校、トヨタ自動車株式会社、znug design, inc.（アルファベット順）

Ignition
Interviews with car designers

2015 年 7 月 1 日　第 1 刷発行

編著　　　　仲宗根悠

発行者　　　中村宏隆

発行所　　　株式会社　中村堂
　　　　　　〒 104-0043
　　　　　　東京都中央区湊 3-11-7
　　　　　　湊 92 ビル 4F
　　　　　　TEL　03-5244-9939
　　　　　　FAX　03-5244-9938
　　　　　　URL　http://www.nakadoh.com

装丁・デザイン　穂谷野悟

印刷所　　　文化堂印刷株式会社
製本所　　　有限会社益子製本

◆定価はカバーに記載してあります。
◆乱丁・落丁の場合はお取り替えいたします。

ISBN978-4-907571-16-0